U0293818

婴儿成长日记

王书荃 主编

教育科学出版社
·北京·

编委会

顾问

陈宝英

主任医师、教授
北京妇产学会执行会长
首都医科大学附属北京妇产医院原党委书记、院长

朱宗涵

首都儿科研究所研究员
儿科专家
北京市卫生局原局长

梅　建

中国儿童中心研究员
中国心理学会常务副秘书长
中国关心下一代工作委员会专家委员会副秘书长

主编

王书荃

中国教育科学研究院研究员
国家注册高级心理咨询师

作者

王书荃　马偶健　王立华　刘　婧

送给宝贝的礼物

我是
男宝宝

我是
女宝宝

1~12月

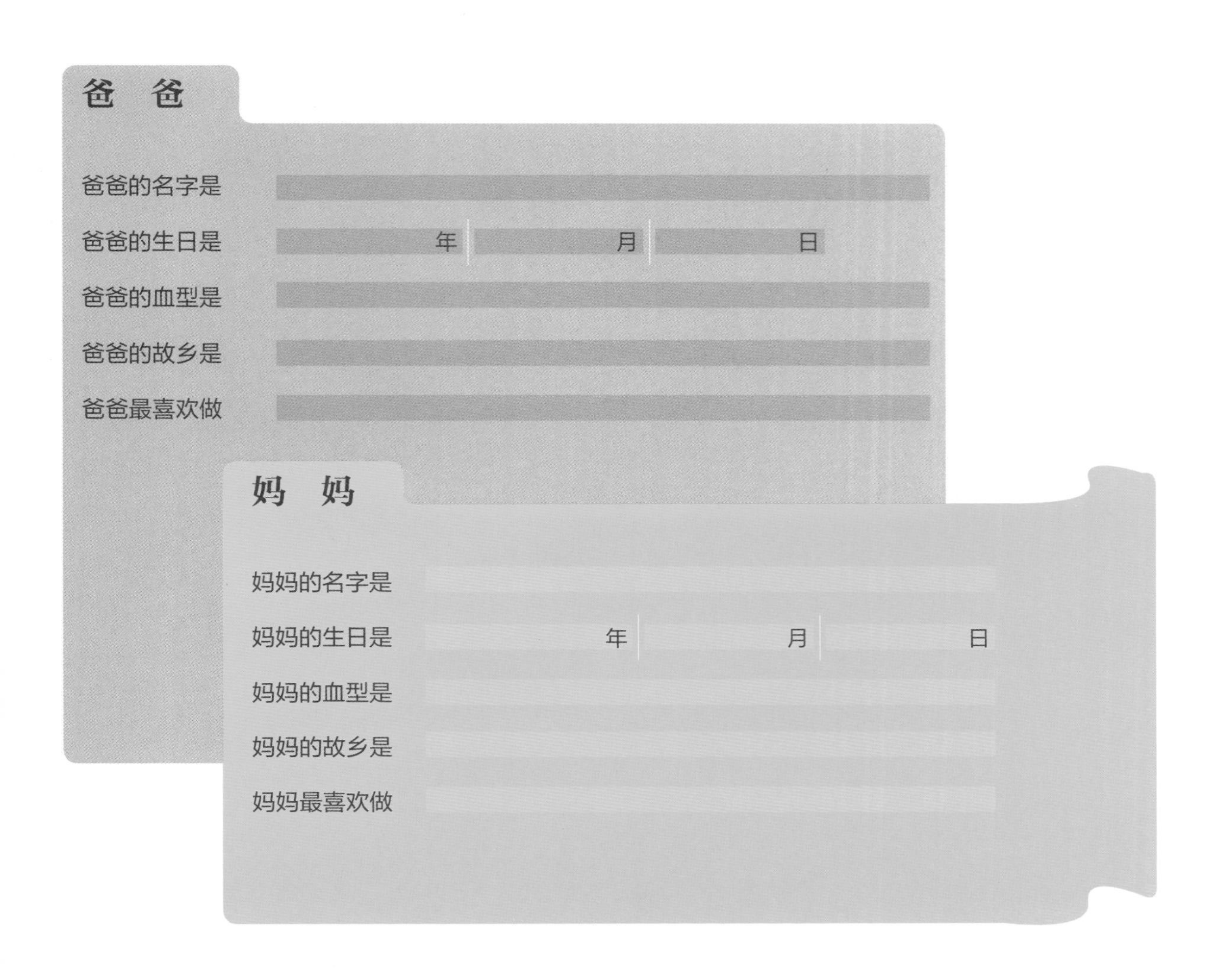
爸 爸
爸爸的名字是
爸爸的生日是 年 月 日
爸爸的血型是
爸爸的故乡是
爸爸最喜欢做
妈 妈
妈妈的名字是
妈妈的生日是 年 月 日
妈妈的血型是
妈妈的故乡是
妈妈最喜欢做

爸爸妈妈的
结婚照

结婚日期 年 月 日

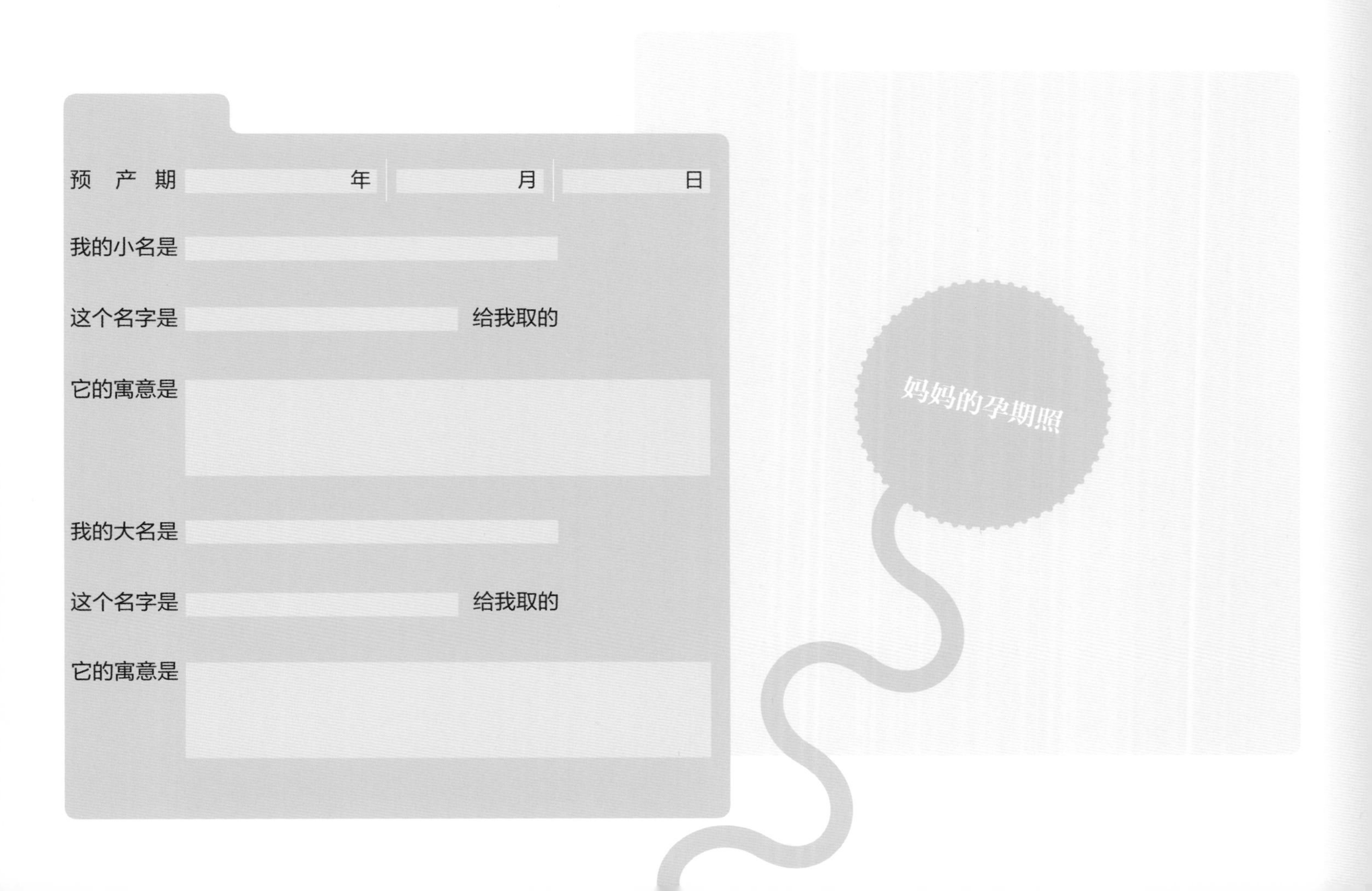
预　产　期　　年　　月　　日
我的小名是
这个名字是　　给我取的
它的寓意是
我的大名是
这个名字是　　给我取的
它的寓意是
妈妈的孕期照

我的 B 超照

萌宝驾到

我的照片

我的小手

我的小脚

版块说明

月龄 12 个月

1 生活素描

2 成长足迹
- 体格检查
- 喂养记录
- 排便记录
- 睡眠记录
- 洗护记录
- 温馨提醒
- 生长记录
- 爸爸妈妈对我说

3 育儿贴士

4 发育评估
- 体格发育指标
- 心理发展评估

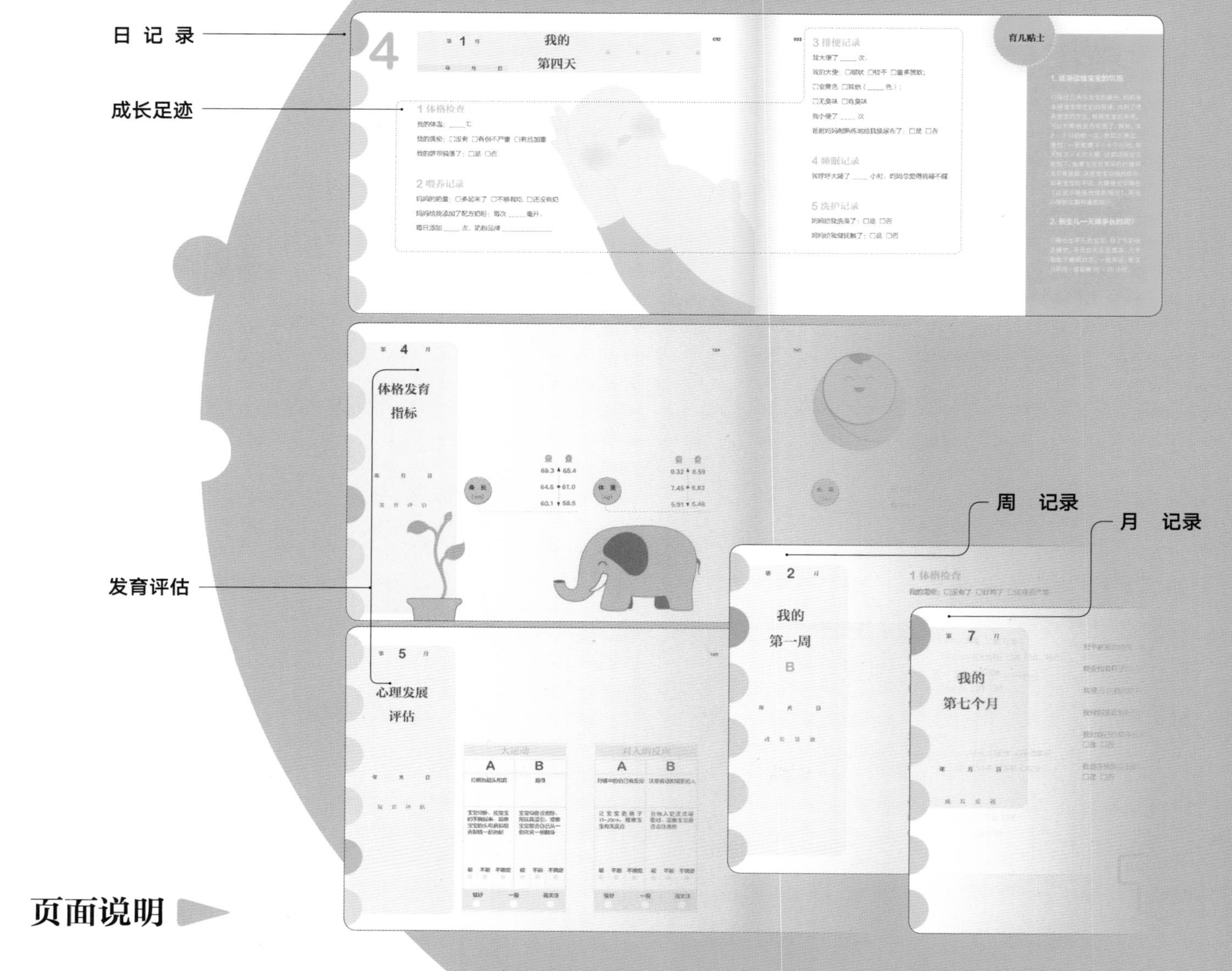

页面说明

生活素描

1 出生后至满 28 天的宝宝被称为“新生儿”。

刚出生的宝宝是这样的：皮肤红红的，鼻尖上还可能出现黄白色的粟粒疹；头顶偏左或偏右的地方还可能有个柔软的肿包，这与出生时产道挤压有关；或疏或密的头发湿漉漉地贴在头皮上。这是一个头大、躯干长、四肢短的小人儿。

出生后头几天，宝宝在大部分时间处于睡眠状态。2 周后，宝宝在醒着的时候，自发性的、全身的动作开始活跃，并产生明显的条件反射，如觅食、吸吮、吞咽、呼吸、眨眼等，这些反射都具有明显的适应价值。觅食、吸吮反射可以摄入必要的营养物质，吞咽反射能防止噎着，呼吸反射可以吸入氧气、排出二氧化碳，眨眼反射可以保护眼睛。

新生儿的各种感官发展是不平衡的，嗅觉和味觉都比较发达，视觉发育尚未完全，所以视力是差的。新生儿对弱光比较适应，怕强光刺激，一周后对红光和发亮物体敏感。

宝宝出生后，具有综合感觉机能、记忆、判断和适应刺激的学习能力，会利用各种感官去探索这个未知的、赖以生存的世界。

这一阶段，爸爸妈妈应该针对新生儿主要感觉器官的特点，给予早期刺激，来促进宝宝的发育。比如，在床前悬挂色彩鲜亮的气球给宝宝看，以锻炼其视觉功能等。

满月时，宝宝生长发育的速度更快了，各种机能迅速发育，形成了自己的睡眠、吃奶、排便习惯。此时宝宝能够俯卧抬头，下巴离床 3 秒钟；能注视眼前活动的物体；啼哭时听到声音会安静；除哭声以外，还能发出其他叫声；双手能紧握笔杆；会张嘴模仿大人说话。

新生儿阶段是年轻的妈妈和可爱的宝宝都要努力学习、适应的一个里程碑式的时期，妈妈应该充分抓住新生儿发育的特点，给予宝宝足够的刺激，激发宝宝的潜能。

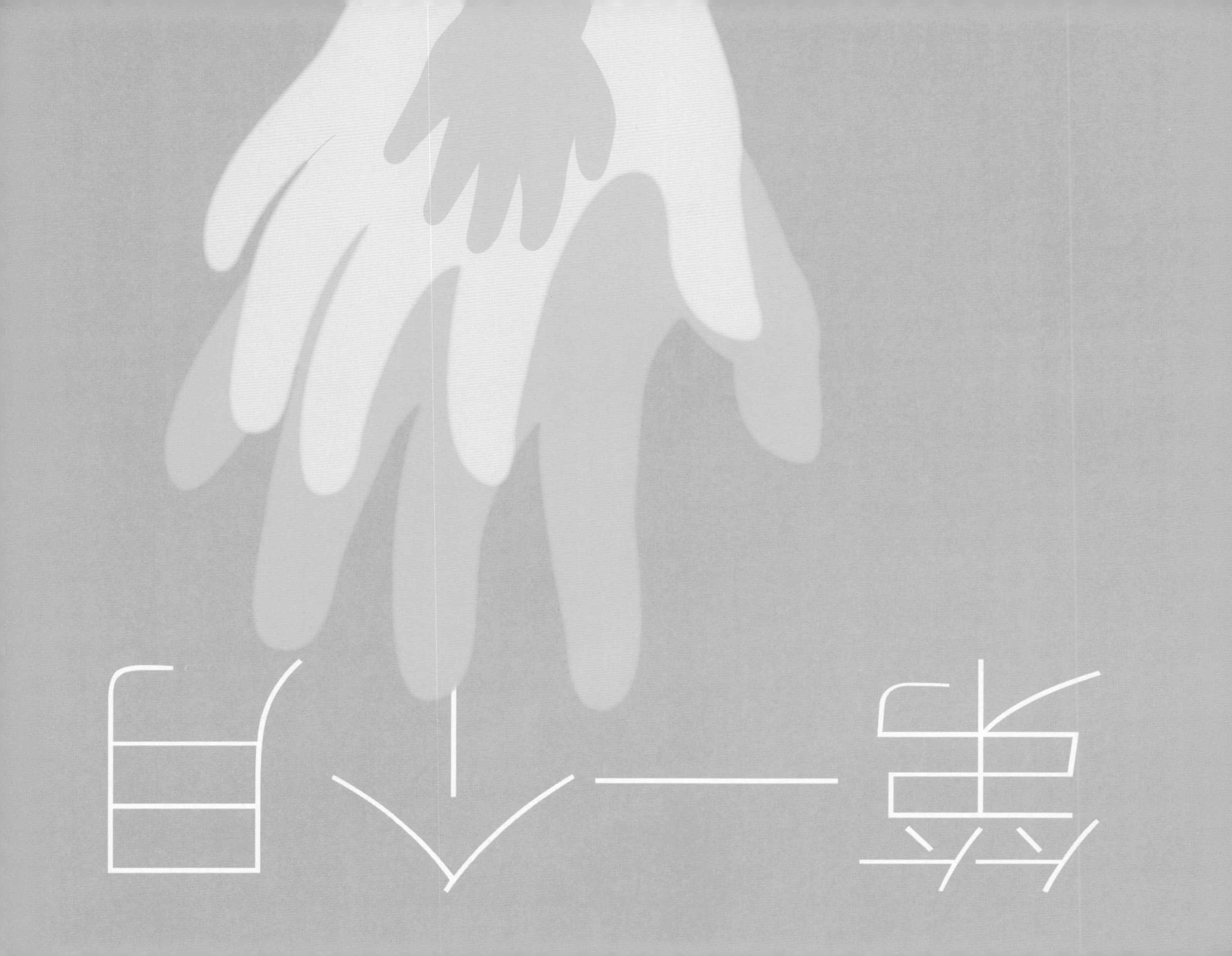

我的第一天

年　　月　　日

我终于和妈妈爸爸见面了。

我是 ______ 年 ______ 月 ______ 日 ______ 时出生的，

我出生时身长 _____ 厘米，体重 _____ 千克，头围 _____ 厘米。

医生给我的阿普加（Apgar）评分是 _____ 分。

哇

哇

哇

育儿贴士

1. 给初生宝宝哺乳是妈妈的第一要务

⊙给新生儿吃母乳（吸吮乳头）是宝宝出生后妈妈要做的第一件也是最重要的一件事。

⊙宝宝出生后20～50分钟（1小时内），处于兴奋状态，这时反射性吸吮能力最强。宝宝的吸吮利于母亲产生更多泌乳素和催产素，这些激素利于乳汁分泌。

⊙初乳呈淡黄色，俗话说“初乳如金”，初乳里含有很多免疫球蛋白，利于宝宝获得营养和免疫系统的发育。

⊙给宝宝喂初乳，不仅仅是维护宝宝的生命，还能促进母婴之间的体肤接触，利于亲密关系的建立和婴儿安全感的获得。所以给新生儿哺乳不仅是满足其物质需求，更是满足其精神需求。

2. 新生宝宝的大小便有哪些特点？

⊙宝宝出生后不久，就会排尿、排便。出生后1～2天，宝宝每天有1～2次小便，小便一般是淡黄色透明的。出生后12小时之内，宝宝第一次排出大便，大便是黏稠的、墨绿色的，这是胎儿在子宫内形成的排泄物，叫作“胎便”。

3. 睡觉做鬼脸是怎么回事？

⊙新生儿睡觉时，常常做出各种可笑的表情，如微笑、皱眉、噘嘴，有时还会出现吸吮动作。这种睡眠状态叫作“活动睡眠”。

⊙活动睡眠相当于成人的浅睡眠，成人在浅睡时常常做梦，新生儿是否也在做梦，尚未可知。

⊙当新生儿闭上眼睛、均匀地呼吸、处于放松状态时，表明他已经进入了安静睡眠（深睡眠）状态。新生儿的活动睡眠和安静睡眠时间各占一半。

初生宝宝的体格发育指标

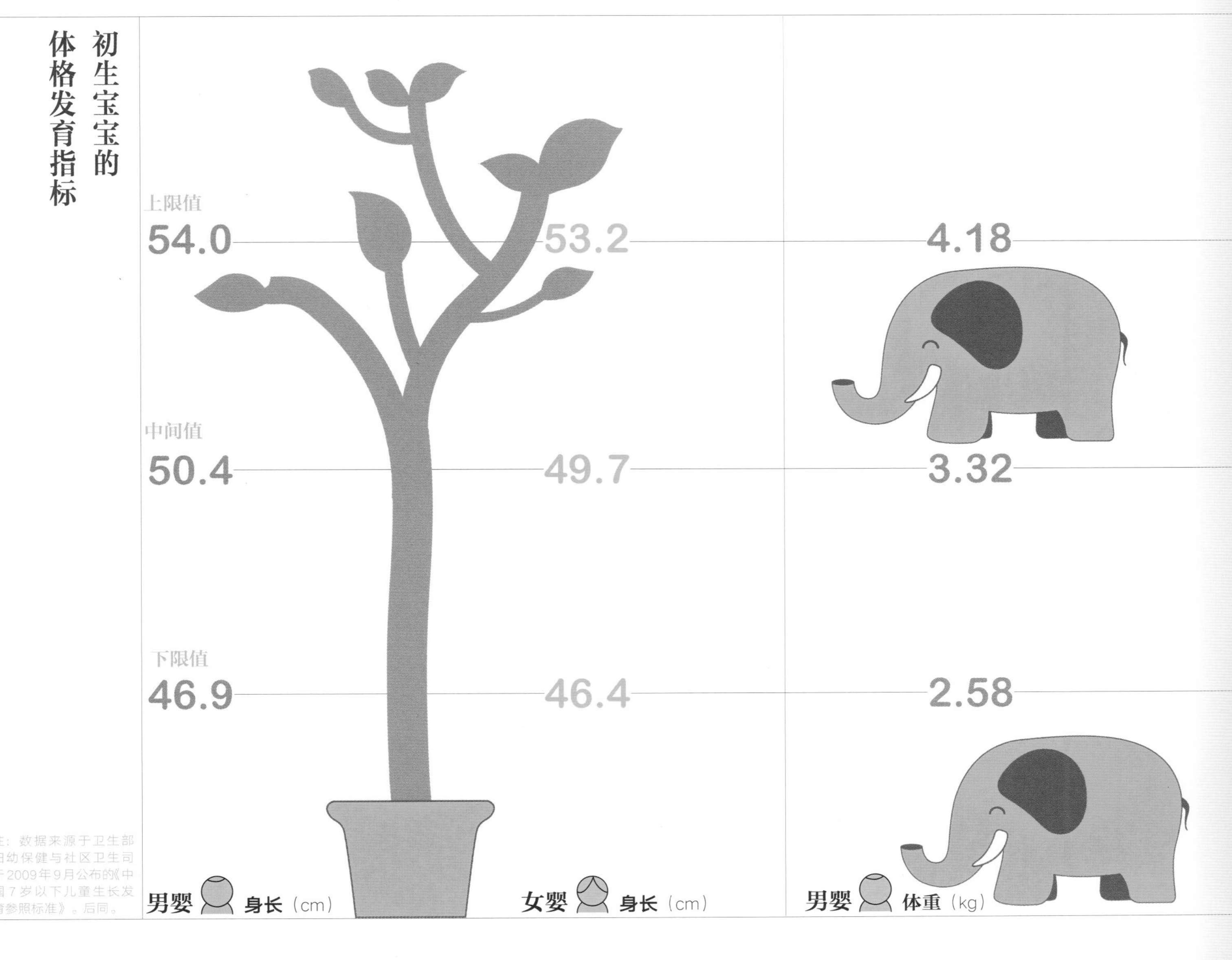

注：数据来源于卫生部妇幼保健与社区卫生司于2009年9月公布的《中国7岁以下儿童生长发育参照标准》。后同。

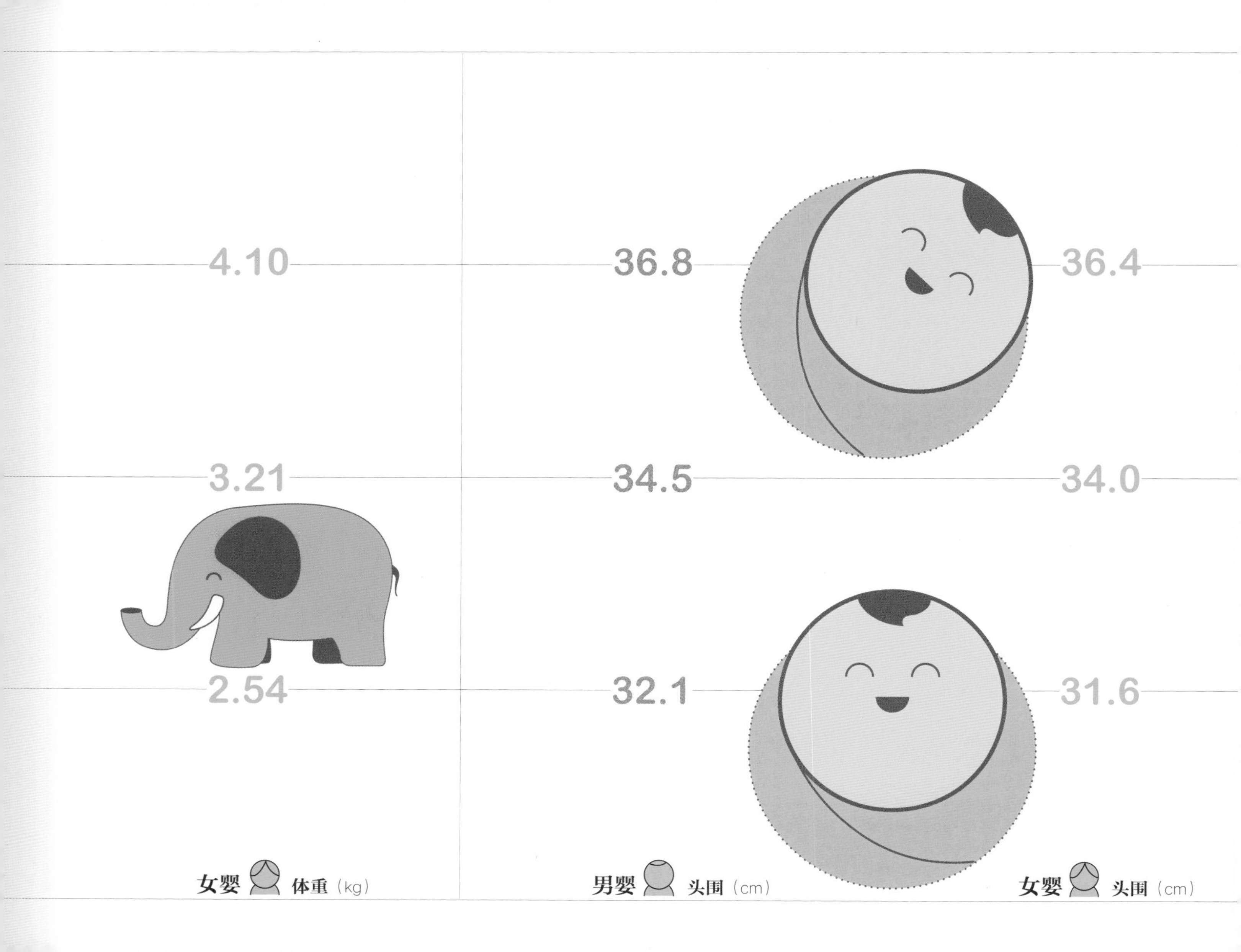
4.10
3.21
2.54
女婴 体重（kg）
36.8
34.5
32.1
男婴 头围（cm）
36.4
34.0
31.6
女婴 头围（cm）

1

1 体格检查

抽取了足跟血：□是 □否

我的体温：_____℃

我的脐带：□干燥 □湿润；□有渗血 □无渗血

我的脐周红肿：□有 □无

2 喂养记录

我出生后 _____ 小时开始吃妈妈的奶

我的吸吮力：□良好 □一般 □不佳

3 排便记录

我第一次排胎便是在出生后 _____ 小时

胎便的颜色：□墨绿色 □其他（_____ 色）

我第一次排尿是在出生后 _____ 小时

小便的颜色：□透明 □淡黄色 □粉红色 □其他（_____ 色）

4 睡眠记录

我一直在睡觉，妈妈说我睡了 _____ 个小时

妈妈说我睡觉的时候，经常会做怪样，如噘嘴、皱眉、

__________、__________、__________、__________

5 洗护记录

我洗澡了：□是 □否

温馨提醒

我接种了卡介苗：□是 □否

我接种了乙肝疫苗第一剂次：□是 □否

爸爸妈妈对我说

听到我的第一声哭声，看到我的第一眼，第一次把我抱在怀里，尤其是妈妈喂我吃第一口母乳的时候。

妈妈的感受：

爸爸的感受：

年 月 日

第二天

1 体格检查

我的体重：□上升 □不变 □下降

我的体温：______℃

我的黄疸：□出现，皮肤变黄 □没有出现

我长了红斑：□是 □否

听力筛查：□通过 □未通过

我的脐带：□干燥 □湿润；□有渗血 □无渗血

我的脐周红肿：□有 □无

2 喂养记录

妈妈说我比昨天吃得多了，

每隔 _____ 小时我就要吃一次奶

我每次吃奶后：□偶尔吐奶 □经常吐奶 □不吐奶

我吃饱了：□是 □否

妈妈给我添加了配方奶粉：每次 _____ 毫升，

每日添加 _____ 次，奶粉品牌 __________

3 排便记录

我大便了 _____ 次，

颜色：□墨绿色 □黄绿色 □其他（_____ 色）

我小便了 _____ 次，

颜色：□淡黄色 □粉红色 □其他（_____ 色）

育儿贴士

1. 宝宝体重下降了是怎么回事?

⊙由于自然环境比妈妈子宫内干燥，宝宝出生后身体的部分水分会丧失，再加上大小便的排出，会导致体重下降，这被称为“生理性体重下降”，是正常现象。宝宝的体重大约在出生后 1 周的末尾降到最低点，之后逐渐回升。

2. 宝宝总要吃奶正常吗?

⊙宝宝出生后，无论白天还是黑夜总是要吃奶，这是正常现象。有的宝宝每隔 1~2 小时就需要喂哺，有的宝宝每隔半小时就要喂一次。白天、晚上的任何时间宝宝都可能需要吃奶，一般晚上较多些，这被称为“密集喂哺”，妈妈要尽可能按照宝宝的需求喂哺。

3. 新生宝宝的脐带如何护理?

⊙脐带是母亲与胎儿连接的通道，新生儿娩出断脐后，脐带完成了连接母子的使命。在断脐过程中，脐带剪除过多致残端过短、结扎过松或过紧等会引起脐带残端出血，可表现为慢慢渗血。若感染，脐部可能会溢液溢脓。因此宝宝出生后，要注意对宝宝脐部的护理，宝宝脐带脱落前不要进行盆浴，以保持脐部干燥，也不要用指甲挖脐部，应每天用棉球蘸取 75% 的酒精擦拭脐根部两次。

2

4 睡眠记录

我呼呼大睡了 _____ 小时

5 洗护记录

我洗澡了：□是 □否

爸爸妈妈对我说

这是我来到世界上的第二天。

爸爸对我说：

妈妈对我说：

3

第 1 月 我的成长足迹

第三天

年 月 日

1 体格检查

我的体温：_____℃

我的黄疸：□没有 □有但不严重 □有且加重

我的脐带脱落了：□是 □否

2 喂养记录

妈妈的奶量：□多起来了 □不够我吃 □还没有奶

妈妈给我添加了配方奶粉：每次 _____ 毫升，每日添加 _____ 次，

奶粉品牌 _______________

吃奶后我经常打嗝：□是 □否

3 排便记录

我大便了 _____ 次，

颜色：□墨绿色 □黄绿色 □其他（_____ 色）

我小便了 _____ 次，

颜色：□淡黄色 □粉红色 □其他（_____ 色）

育儿贴士

1. 是妈妈的乳汁不够吗？

⊙不少刚生完宝宝的妈妈，感觉自己没有乳汁，或者乳汁很少，并因此而焦虑。其实乳汁分泌从少到多需要一个过程，同时新生儿的需求量也是非常少的，出生后 1 天的宝宝胃容量只有 5 ~ 7 毫升。宝宝频繁有效地吸吮，妈妈分泌的乳汁才会逐渐增多。

2. 宝宝总打嗝是怎么回事？

⊙小宝宝总是打嗝，新手父母会很紧张。其实这是喂养中的正常现象，不必过分担心。刚出生的小宝宝神经系统发育还不完善，不能很好地协调膈肌的运动，受到轻微的刺激，膈肌就会痉挛性收缩而打嗝。所以从这个时候起，妈妈就要学会为宝宝拍嗝。

3

4 睡眠记录

我呼呼大睡了 _____ 小时

5 洗护记录

我洗澡了：□是 □否

妈妈给我做抚触了：□是 □否

温馨提醒

快要出院了，

别忘了帮我办理出生证明：

□已办理 □未办理

爸爸妈妈对我说

这是我来到世界上的第三天。

爸爸妈妈对我说：

第四天

年　月　日

1 体格检查

我的体温：_____℃

我的黄疸：□没有　□有但不严重　□有且加重

我的脐带脱落了：□是　□否

2 喂养记录

妈妈的奶量：□多起来了　□不够我吃　□还没有奶

妈妈给我添加了配方奶粉：每次 _____ 毫升，

每日添加 _____ 次，奶粉品牌 _______________

3 排便记录

我大便了 _____ 次，

我的大便：□糊状 □较干 □量多质软；

□金黄色 □其他（_____ 色）；

□无臭味 □有臭味

我小便了 _____ 次

爸爸妈妈能熟练地给我换尿布了：□是 □否

4 睡眠记录

我呼呼大睡了 _____ 小时，妈妈总觉得我睡不醒

5 洗护记录

妈妈给我洗澡了：□是 □否

妈妈给我做抚触了：□是 □否

育儿贴士

1. 逐渐读懂宝宝的饥饱

⊙经过几天与宝宝的磨合，妈妈基本摸清宝宝吃奶的规律，找到了喂养宝宝的方法。根据宝宝的表现，可以判断他是否吃饱了。例如，吸 2 ~ 3 口奶咽一次，表现出满足、愉悦，一觉能睡 3 ~ 4 个小时，每天排 3 ~ 4 次大便，这都说明宝宝吃饱了。如果宝宝在哭闹的时候伴有觅食反射，这是宝宝饥饿的信号。如果宝宝吃不饱，大便就会呈绿色（这里不是指胎便的情况），而且小便的次数和量都较少。

2. 新生儿一天睡多长时间？

⊙刚出生不久的宝宝，除了吃奶就是睡觉。不论白天还是黑夜，几乎都处于睡眠状态。一般来说，新生儿平均一昼夜睡 18 ~ 20 小时。

爸爸妈妈对我说

在爸爸妈妈的陪伴下，我度过了人生的第四天。

爸爸妈妈对我说：

第五天

年　　月　　日

1 体格检查

我的体温：_____℃

我的黄疸：□没有　□有但不严重　□有且加重

我的脐带脱落了：□是　□否

我的牙床上有白色颗粒状物：□有　□没有

2 喂养记录

妈妈的奶量：□多起来了　□不够我吃　□还没有奶

妈妈给我添加了配方奶粉：每次 _____ 毫升，

每日添加 _____ 次，奶粉品牌 __________

3 排便记录

我大便了 _____ 次，

我的大便：□糊状　□较干　□量多质软；

□金黄色　□其他（_____ 色）；

□无臭味　□有臭味

我小便了 _____ 次

4 睡眠记录

我睡了 _____ 小时

5 洗护记录

妈妈给我洗澡了：□是 □否

妈妈给我做抚触了：□是 □否

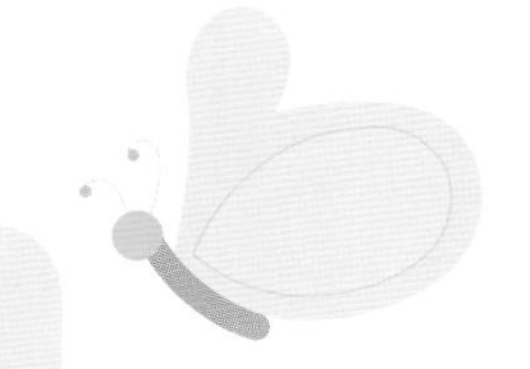

爸爸妈妈对我说

在爸爸妈妈的陪伴下，我度过了人生的第五天。

爸爸妈妈对我说：

育儿贴士

1. 胎记或痣要处理吗?

⊙新生儿可能会有一些胎记或痣，比如：有的宝宝的背部或臀部可见片状棕色、灰色、蓝色皮肤，这属于胎记，通常在学龄前消失；有的宝宝的鼻梁、额头下部、上眼皮、颈部或脑后有一些或深或浅的红色斑纹，这被称为“鹤咬痕”，也是胎记的一种，通常在几个月内消失；有的宝宝有毛细血管瘤，它也会在学龄前自行萎缩消失。对于一些不能自行消失的胎记或痣，妈妈也不要心急，一般都可以获得医学上的支持与处理。

2. 马牙子是怎么回事?

⊙有些宝宝在上腭中线附近及牙床上有白色颗粒物，这是正常上皮细胞堆积或黏液潴留导致的肿胀，被称为“上皮细胞珠”，俗称“马牙子”，数周后会自然消退。这对宝宝吃奶以及将来出牙不会有什么影响。

3. 粟粒疹是怎么回事?

⊙有时宝宝的鼻尖和鼻翼两侧有如粟米大小的黄白色疹子，这是一种正常现象，是皮质堆积造成的，不久可自然消退。

年　月　日

第六天

1 体格检查

我的体温：_____℃

我的黄疸：□没有 □有但不严重 □有且加重

我的脐带脱落了：□是 □否

2 喂养记录

妈妈的奶量：□多起来了 □不够我吃 □还没有奶

妈妈给我添加了配方奶粉：每次 _____ 毫升，

每日添加 _____ 次，奶粉品牌 __________

3 排便记录

我大便了 _____ 次

我的大便：□糊状 □较干 □量多质软；

□金黄色 □其他（_____ 色）；

□无臭味 □有臭味

我小便了 _____ 次

4 睡眠记录

我睡了 _____ 小时

5 洗护记录

妈妈给我洗澡了：□是 □否

妈妈给我做抚触了：□是 □否

育儿贴士

1. 生理性黄疸是怎么回事?

⊙大部分足月新生儿出生后 2 ~ 3 天皮肤和巩膜会出现黄染，4 ~ 5 天时最重，7 ~ 10 天会消退。早产儿可能会延迟至第 3 周才消退。在此期间，宝宝一般情况尚好，吃奶、睡觉均很正常。生理性黄疸是一种正常的生理现象，不必惊慌。

2. 假月经、生理性乳腺肿胀是怎么回事?

⊙出生后 5 ~ 7 天的女婴，有时可见少量阴道出血，持续 1 ~ 2 天自止。出生后 3 ~ 5 天，男女婴均可能发生乳腺肿胀，如蚕豆至鸽蛋大小，多于出生后 2 ~ 3 周消失。出现这样的情况，不必惊慌，也不必处理，这是宝宝出生后雌激素中断所致。

6

温馨提醒

妈妈发现我阴道有少量出血，

好像月经一样：□有 □无

妈妈发现我的乳房肿起来了：□有 □无

爸爸妈妈对我说

人生的第六天，又这么幸福地度过了。

爸爸妈妈对我说：

7

第七天

年　　月　　日

1 体格检查

我的体重：_____ 千克

我的体温：_____℃

我的黄疸：□没有　□有但不严重　□有且加重

我的脐带脱落了：□是　□否

2 喂养记录

妈妈的奶量：□多起来了　□不够我吃　□还没有奶

妈妈给我添加了配方奶粉：每次 _____ 毫升，每日添加 _____ 次，

奶粉品牌 __________

3 排便记录

我大便了 ______ 次

我的大便：□糊状 □较干 □量多质软；

□金黄色 □其他（______ 色）；

□无臭味 □有臭味

我小便了 ______ 次

4 睡眠记录

我睡了 ______ 小时

5 洗护记录

妈妈给我洗澡了：□是 □否

妈妈给我做抚触了：□是 □否

6 生长记录

爸爸把我竖直抱起来时，我的脖子能梗起来一两秒钟：

□是 □否

妈妈架着我的胳膊让我站起来时，我还能走几步：

□是 □否

妈妈让我趴在床上，推着我的脚，我会向前爬：

□是 □否

爸爸一用手指碰我的手，我就把拳头握起来：

□是 □否

我很喜欢看妈妈的脸：

□是 □否

我能“听懂”我的名字了，他们一呼唤我，我就会去看他们：

□是 □否

7

爸爸妈妈对我说

我已经出生满一个星期了，这个星期里发生了很多有意思的事，爸爸妈妈可兴奋了，他们说：

这是我出生一周的样子（照片）

年　　月　　日

第八天

1 体格检查

我的体重开始回升了：□是　□否

我的体温：______℃

我的黄疸：□没有　□有但不严重　□有且加重

我的脐带脱落了：□是　□否

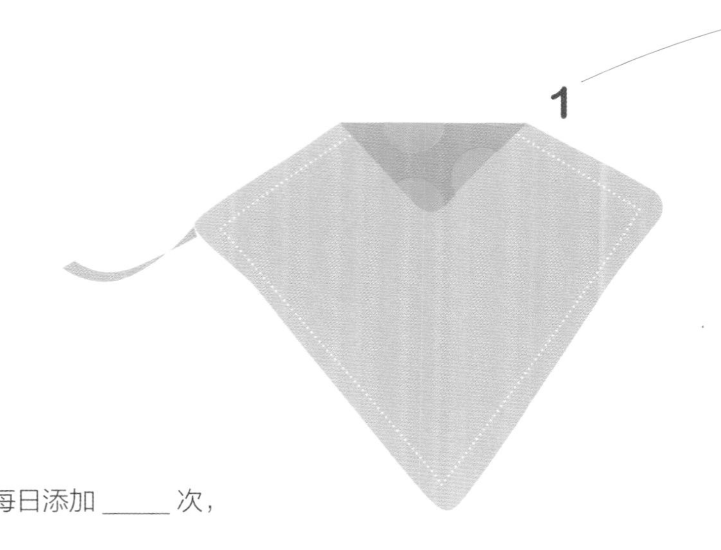

2 喂养记录

妈妈用纯母乳喂我：□是　□否

妈妈给我添加了配方奶粉：每次 ______ 毫升，每日添加 ______ 次，

奶粉品牌 ____________

妈妈一涨奶就让我吸，没有患乳腺炎：□是　□否

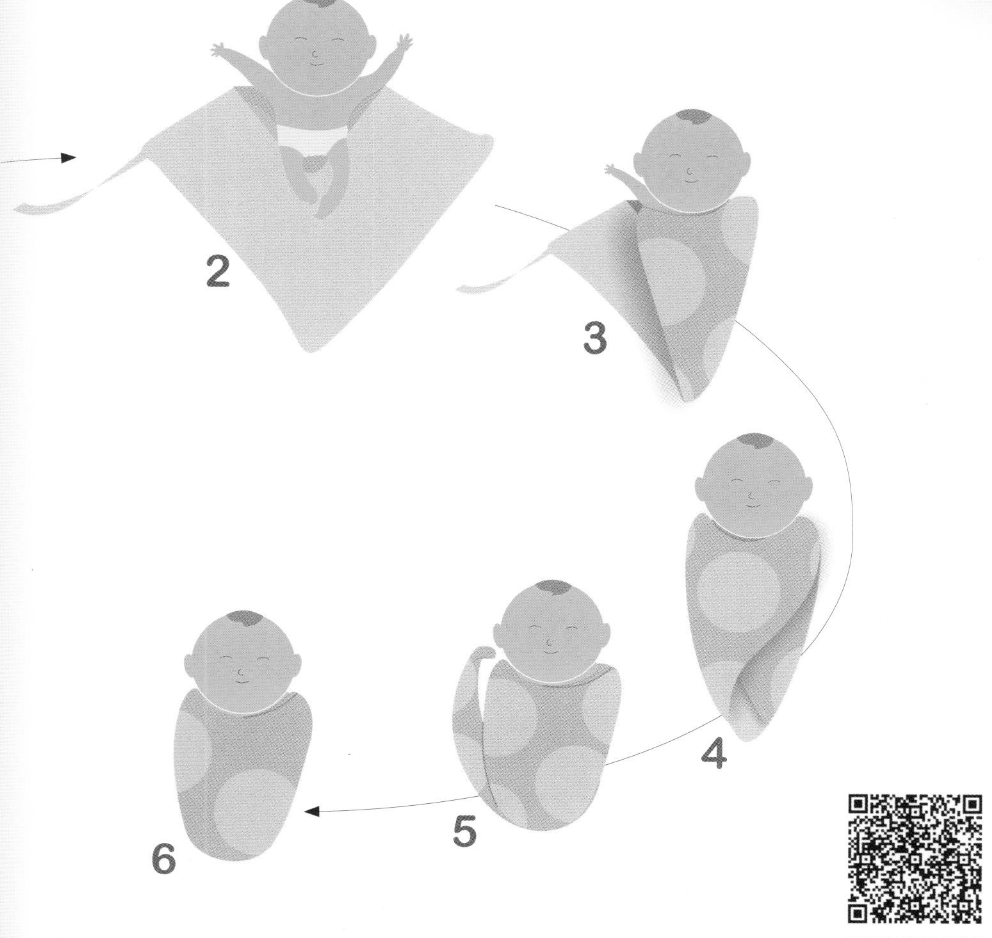

如何包裹新生儿?

育儿贴士

1. 如何应对新生儿的吃奶和喝水需求?

⊙从第 2 周开始，随着体重和食欲的增加，宝宝会频繁吃奶，这是生长过快性饥饿的表现，属于正常现象。这时只要宝宝感到饥饿就给他喂奶，这不仅可以满足宝宝吃的需求，还可以缓解母亲因乳汁充盈过度而致的乳涨、乳痛。

⊙这个阶段无论采取什么样的喂养方式，都不需要给宝宝额外喂水。

2. 将新生儿包裹好

⊙胎儿在子宫内被温暖的软组织和羊水包裹时，就开始有了触觉。出生后的宝宝喜欢紧贴着妈妈的身体。将新生儿包裹好，可以使他们睡得更踏实，减少惊跳现象。这是触觉的满足给宝宝带来的安全感。

8

3 排便记录

我大便了 _____ 次

我的大便：□糊状 □较干 □量多质软；

□金黄色 □其他（_____ 色）；

□无臭味 □有臭味

我小便了 _____ 次

4 睡眠记录

我睡了 _____ 小时

5 洗护记录

妈妈给我洗澡了：□是 □否

妈妈给我做抚触了：□是 □否

妈妈给我擦拭眼部了：□是 □否

妈妈给我擦洗耳部了：□是 □否

妈妈给我清洗鼻腔了：□是 □否

妈妈给我清洁口腔了：□是 □否

爸爸妈妈对我说

我的体重和食欲开始增加了，

爸爸妈妈都很有成就感，他们说：

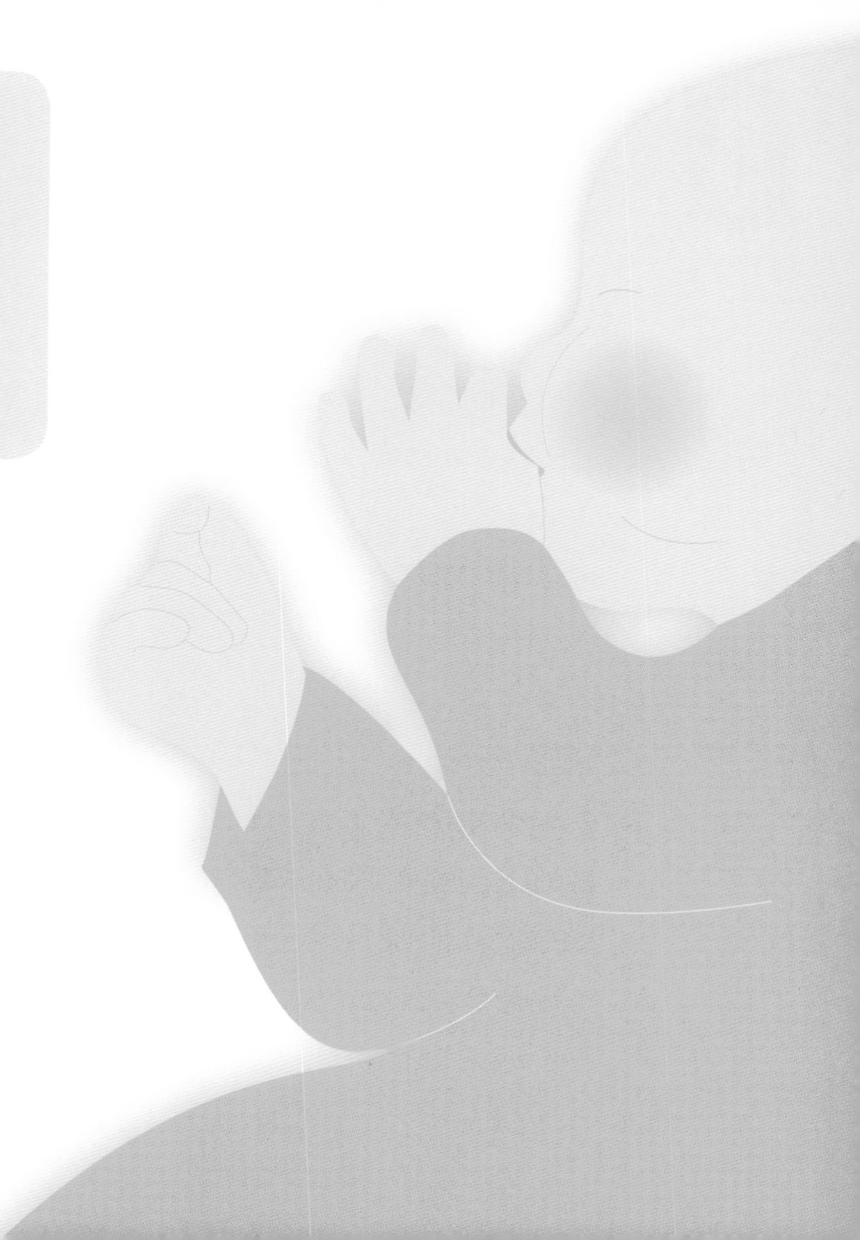

9

第 1 月 我的 成 长 足 迹

第九天

年 月 日

1 体格检查

我的体重开始回升了：□是 □否

我的体温：_____℃

我的黄疸：□没有 □有但不严重 □有且加重

我的脐带脱落了：□是 □否

2 喂养记录

妈妈用纯母乳喂我：□是 □否

妈妈给我添加了配方奶粉：每次 _____ 毫升，

每日添加 _____ 次，奶粉品牌 __________

妈妈一涨奶就让我吸，没有患乳腺炎：□是 □否

3 排便记录

我大便了 _____ 次

我的大便：□糊状 □较干 □量多质软；

□金黄色 □其他（_____ 色）；

□无臭味 □有臭味

我小便了 _____ 次

4 睡眠记录

我睡了 _____ 小时

5 洗护记录

妈妈给我洗澡了：□是 □否

妈妈给我做抚触了：□是 □否

妈妈给我擦拭眼部了：□是 □否

妈妈给我擦洗耳部了：□是 □否

妈妈给我清洗鼻腔了：□是 □否

妈妈给我清洁口腔了：□是 □否

爸爸妈妈对我说

育儿贴士

如何通过大、小便看健康？

⊙此时，母乳喂养充足的新生儿每天小便 10 ~ 20 次，如果每天少于 6 次，则说明母乳不足。

⊙新生儿的大便呈黄色或金黄色酱状，有时会有碎豆花样的奶渣，这是因为宝宝的消化系统还不成熟，不能充分消化食物。只要宝宝吃得好，睡得香，身长、体重都在正常范围内，就没有问题。

⊙纯母乳喂养的宝宝有时大便偏稀，一哭闹或放屁就会有粪便从肛门流出来。这是因为宝宝控制大便的器官和肌肉还未发育成熟，无法控制大便，这叫“生理性腹泻”，无须治疗。随着宝宝月龄的增大，为宝宝添加辅食后，这种情况就会慢慢好转。

⊙宝宝因大便次数较多，易红臀，所以每次宝宝便后，妈妈要用卫生棉球蘸上温开水，清洗宝宝的小屁股，并为宝宝均匀、轻薄地涂抹护臀霜或凡士林，可有效防止新生儿红臀。如果宝宝的大便有泡沫，妈妈要控制甜食的摄入量。如果宝宝的大便太稀，妈妈就得控制脂肪的摄入。如果宝宝的大便发绿，可能是他未吃饱（就是“饥饿便”）或者是小肚子着凉了，妈妈需要注意宝宝腹部的保暖。

⊙大、小便反映了宝宝的健康和妈妈的饮食情况。

年 月 日

第十天

1 体格检查

我的体重开始回升了：□是 □否

我的体温：_____℃

我的黄疸：□没有 □有但不严重 □有且加重

我的脐带脱落了：□是 □否

2 喂养记录

妈妈用纯母乳喂我：□是 □否

妈妈给我添加了配方奶粉：每次 _____ 毫升，

每日添加 _____ 次，奶粉品牌 __________

妈妈一涨奶就让我吸，没有患乳腺炎：□是 □否

我好像不爱吃妈妈的奶，更爱叼着奶嘴：□是 □否

3 排便记录

我大便了 _____ 次

我的大便：□糊状 □较干 □量多质软；

□金黄色 □其他（_____ 色）；

□无臭味 □有臭味

我小便了 _____ 次

4 睡眠记录

我睡了 _____ 小时

5 洗护记录

妈妈给我洗澡了：□是 □否

妈妈给我做抚触了：□是 □否

妈妈给我擦拭眼部了：□是 □否

妈妈给我擦洗耳部了：□是 □否

妈妈给我清洗鼻腔了：□是 □否

妈妈给我清洁口腔了：□是 □否

育儿贴士

1. 睡姿有哪些讲究?

⊙新生儿最好平躺、侧卧交替睡。因为宝宝吃奶后，容易溢奶、吐奶。如果宝宝吃奶后，立即平躺睡，就容易被溢出的奶水堵塞口鼻，引起窒息。因此吃奶后，妈妈先要抱起宝宝来拍拍嗝，然后让他侧躺在小床上，睡1小时左右，再放平睡。

⊙新生儿的枕头要薄，用一块毛巾叠4层即可。

2. 何为舒适的睡眠环境?

⊙其实宝宝在胎儿时就习惯了听各种声响，如血液流动声、心跳声等。因此，没必要为宝宝制造特别安静的睡眠环境，以免日后养成睡眠太轻的习惯。

⊙宝宝感觉太凉或太热，都会睡不着。室温在20℃左右、相对湿度在40%左右最合适，尤其注意不要给宝宝穿得太多，一般比大人多一件薄衣即可。可尝试用以下方法查看宝宝是不是舒适：宝宝入睡半小时后摸摸他的小手、小脚，如果手脚发凉说明衣被过少，如果手心、脖子出汗则说明捂得过热，需要稍微减些衣物。需要注意的是，无论过凉还是过热，宝宝的衣物都要一点点加或一点点减，别让小宝宝忽冷忽热，否则容易感冒生病。

10

爸爸妈妈对我说

11

第 1 月

年 月 日

我的第十一天

1 体格检查

我的体重开始回升了：□是 □否

我的体温：_____℃

我的黄疸：□没有 □有但不严重 □有且加重

我的脐带脱落了：□是 □否

2 喂养记录

妈妈用纯母乳喂我：□是 □否

妈妈给我添加了配方奶粉：每次 _____ 毫升，

每日添加 _____ 次，奶粉品牌 __________

妈妈一涨奶就让我吸，没有患乳腺炎：□是 □否

我好像不爱吃妈妈的奶，更爱叼着奶嘴：□是 □否

3 排便记录

我大便了 _____ 次

我的大便：□糊状 □较干 □量多质软；

□金黄色 □其他（_____ 色）；

□无臭味 □有臭味

我小便了 _____ 次

4 睡眠记录

我睡了 _____ 小时

5 洗护记录

妈妈给我洗澡了：□是 □否

妈妈给我做抚触了：□是 □否

妈妈给我擦拭眼部了：□是 □否

妈妈给我擦洗耳部了：□是 □否

妈妈给我清洗鼻腔了：□是 □否

妈妈给我清洁口腔了：□是 □否

爸爸妈妈对我说

妈妈抱着我的时候真舒服，她总是看着我对我说：

育儿贴士

仍须脐部护理

⊙脐带会在宝宝出生后 24 ~ 48 小时自然干瘪，3 ~ 4 天开始脱落，10 ~ 15 天自行愈合，形成脐窝。脐带脱落前，一要注意脐部消毒，使用 75% 的酒精，每天消毒脐部两次；二要保持局部清洁、干燥。脐带脱落后，若局部湿润发红，仍可用棉签蘸取 75% 的酒精消毒，以促进愈合。千万不要用手揭痂皮，务必等它自行脱落。

12

第 1 月

年　月　日

我的第十二天

成　长　足　迹

1 体格检查

我的体重开始回升了：□是　□否

我的体温：_____℃

我的黄疸：□没有　□有但不严重　□有且加重

我的脐带脱落了：□是　□否

2 喂养记录

妈妈用纯母乳喂我：□是　□否

妈妈给我添加了配方奶粉：每次 _____ 毫升，每日添加 _____ 次，

奶粉品牌 __________

妈妈一涨奶就让我吸，没有患乳腺炎：□是　□否

我好像不爱吃妈妈的奶，更爱叼着奶嘴：□是　□否

3 排便记录

我大便了 _____ 次

我的大便：□糊状 □较干 □量多质软；

□金黄色 □其他（_____ 色）；

□无臭味 □有臭味

我小便了 _____ 次

4 睡眠记录

我睡了 _____ 小时

5 洗护记录

妈妈给我洗澡了：□是 □否

妈妈给我做抚触了：□是 □否

妈妈给我擦拭眼部了：□是 □否

妈妈给我擦洗耳部了：□是 □否

妈妈给我清洗鼻腔了：□是 □否

妈妈给我清洁口腔了：□是 □否

育儿贴士

新生儿在看什么？

⊙很多妈妈发现，宝宝生下来不久就会看东西。逗他时，他有视觉反应能力。新生儿喜欢看轮廓鲜明、颜色对比强烈的图形，因此黑白相间的棋盘更能吸引他的注意。新生儿还喜欢看运动的东西和人的脸。他会睁大眼睛注视着你，这就是新生儿特有的“凝视”。出生后 2 周左右，宝宝能看清距离自己 20 ~ 25 厘米之内的东西。

12

爸爸妈妈对我说

我可喜欢爸爸宽厚的肩膀了，他把我放在肩头的时候总是说：

13

第 1 月　　我的成长足迹

年　　月　　日

第十三天

1 体格检查

我的体重开始回升了：□是 □否

我的体温：_____℃

我的黄疸：□没有 □有但不严重 □有且加重

我的脐带脱落了：□是 □否

2 喂养记录

妈妈用纯母乳喂我：□是 □否

妈妈给我添加了配方奶粉：每次 _____ 毫升，

每日添加 _____ 次，奶粉品牌 __________

妈妈一涨奶就让我吸，没有患乳腺炎：□是 □否

我好像不爱吃妈妈的奶，更爱叼着奶嘴：□是 □否

3 排便记录

我大便了 _____ 次

我的大便：□糊状 □较干 □量多质软；

□金黄色 □其他（_____ 色）；

□无臭味 □有臭味

我小便了 _____ 次

4 睡眠记录

我睡了 _____ 小时

5 洗护记录

妈妈给我洗澡了：□是 □否

妈妈给我做抚触了：□是 □否

妈妈给我擦拭眼部了：□是 □否

妈妈给我擦洗耳部了：□是 □否

妈妈给我清洗鼻腔了：□是 □否

妈妈给我清洁口腔了：□是 □否

爸爸妈妈对我说

整天睡大觉的我，虽然在睡梦中，但依然可以听到妈妈说：

育儿贴士

1. 新生儿喜欢听什么?

⊙宝宝一出生就有声音定向能力，他能连续多次准确地转向声源。新生儿喜欢听人的声音，与爸爸的声音相比，宝宝更喜欢妈妈的。若爸爸和妈妈同时发出声音，他会将头和眼转向妈妈所在的一边。这可能是胎儿在子宫里听惯了妈妈声音的缘故吧。研究表明，出生后 2 周的宝宝已经能记住妈妈的声音了。

2. 体重恢复了吗?

⊙经过几天的生理性体重下降，宝宝的体重开始逐渐回升，到出生后第 14 天可恢复到出生时的体重。

14

第 1 月 年 月 日

我的第十四天

1 体格检查

我的体重开始回升了：□是 □否

我的体温：_____℃

我的黄疸：□没有 □有但不严重 □有且加重

我的脐带脱落了：□是 □否

2 喂养记录

妈妈用纯母乳喂我：□是 □否

妈妈给我添加了配方奶粉：每次 _____ 毫升，

每日添加 _____ 次，奶粉品牌 __________

妈妈一涨奶就让我吸，没有患乳腺炎：□是 □否

我好像不爱吃妈妈的奶，更爱叼着奶嘴：□是 □否

14

3 排便记录

我大便了 _____ 次

我的大便：□糊状 □较干 □量多质软；

□金黄色 □其他（_____ 色）；

□无臭味 □有臭味

我小便了 _____ 次

4 睡眠记录

我睡了 _____ 小时

5 洗护记录

妈妈给我洗澡了：□是 □否

妈妈给我做抚触了：□是 □否

妈妈给我擦拭眼部了：□是 □否

妈妈给我擦洗耳部了：□是 □否

妈妈给我清洗鼻腔了：□是 □否

妈妈给我清洁口腔了：□是 □否

6 生长记录

我趴在床上的时候，头能抬起来了：□是 □否

我很喜欢模仿爸爸妈妈的表情，

学他们伸舌头、张嘴巴：□是 □否

妈妈给我准备了黑白卡：□是 □否

爸爸妈妈每天都和我说话，我真开心：□是 □否

我学会了用不同的哭声表达不同的需求：□是 □否

爸爸妈妈对我说

15

第 1 月

我的成长足迹 第十五天

年 月 日

1 体格检查

我的体温：_____℃

我的脐带脱落了：□是 □否

我长湿疹了：□是 □否

2 喂养记录

妈妈用纯母乳喂我：□是 □否

妈妈给我添加了配方奶粉：每次 _____ 毫升，

每日添加 _____ 次，奶粉品牌 __________

我补充了维生素 D：□是 □否

我补充了钙：□是 □否

3 排便记录

我大便了 _____ 次

我的大便：□糊状 □较干 □量多质软；

□金黄色 □其他（_____ 色）；

□无臭味 □有臭味

我小便了 _____ 次

4 睡眠记录

我睡了 _____ 小时

5 洗护记录

妈妈给我洗澡了：□是 □否

妈妈给我做抚触了：□是 □否

妈妈给我剪指甲了：□是 □否

妈妈给我擦拭眼部了：□是 □否

妈妈给我擦洗耳部了：□是 □否

妈妈给我清洗鼻腔了：□是 □否

妈妈给我清洁口腔了：□是 □否

爸爸妈妈对我说

育儿贴士

了解宝宝的需求

⊙随着日龄的增加，宝宝的睡眠时间逐渐缩短，但醒着的时间总是少于睡眠时间。当醒着的时候，他会睁开明亮的眼睛，带着好奇心，安静地注视着你，专心地听你说话，很少活动。所有的新生儿都会出现这样的状态，我们称之为“安静觉醒”状态。

⊙处于安静觉醒状态的宝宝是很机敏的。他喜欢看东西，尤其是活动的东西。他喜欢看圆形，喜欢看颜色鲜艳或明暗对比强烈的图像。他尤其喜欢看人的脸，听人说话的声音。

⊙出生后第 2 周的周末，宝宝在醒着和舒适的时候，会出现某些活动，比如手臂、腿的活动。另外，在吃奶前或烦躁时，宝宝的脸部活动增加。我们将新生儿的上述状态称为“活动觉醒”状态。

⊙哭也是一种活动觉醒状态。有科学家认为，新生儿的这些活动可能有一定的目的性，是在向爸爸妈妈传递信息，表明自己需要什么。

⊙安静或活动的觉醒状态是新生儿不同的意识状态。了解新生儿的各种状态，爸爸妈妈就能敏锐地知道他们的需求，恰当地满足他们的需要，而又不过分打扰他们的休息。

16

第 1 月

我的 成长足迹

第十六天

年　月　日

1 体格检查

我的体温：_____℃

我的脐带脱落了：□是 □否

我长湿疹了：□是 □否

2 喂养记录

妈妈用纯母乳喂我：□是 □否

妈妈给我添加了配方奶粉：每次 _____ 毫升，

每日添加 _____ 次，奶粉品牌 __________

我补充了维生素 D：□是 □否

我补充了钙：□是 □否

3 排便记录

我大便了 _____ 次

我的大便：□糊状 □较干 □量多质软；

□金黄色 □其他（_____ 色）；

□无臭味 □有臭味

我小便了 _____ 次

4 睡眠记录

我睡了 _____ 小时

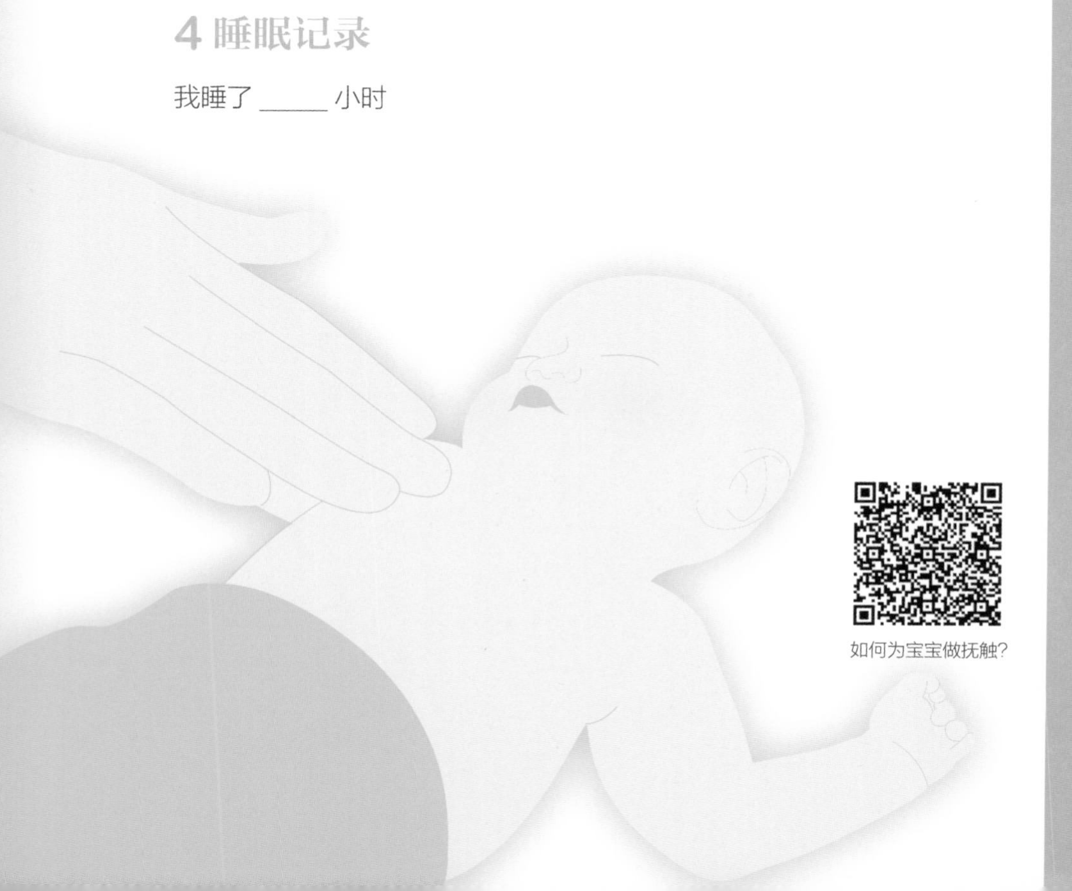

育儿贴士

要给宝宝做抚触

⊙抚触不仅可以促进宝宝的血液循环，增强食欲，改善睡眠质量，而且还有利于母子之间的情感交流。

⊙抚触一般应在两次喂奶之间，室温 28℃左右，宝宝精神好、清醒的状态下完成。切忌在宝宝过饱、过饿、过度疲劳的时候抚触。

⊙在抚触的过程中，妈妈可以与宝宝多些眼神交流，可以轻轻地与宝宝说话，或者播放舒缓的音乐给宝宝听。动作应轻柔、缓慢，力度应以做完后宝宝皮肤微微发红为准。

⊙抚触一般遵循头面部—胸部—腹部—四肢—背部的顺序，但也可打乱顺序，每个部位都做到即可。抚触次数也视宝宝的实际情况而定，若宝宝哭闹厉害、不配合，应停止抚触。

⊙抚触前应取 1~2 毫升婴儿润肤油倒在手心里，双手揉搓均匀再开始抚触。

16

5 洗护记录

妈妈给我洗澡了：□是 □否

妈妈给我做抚触了：□是 □否

妈妈给我剪指甲了：□是 □否

妈妈给我擦拭眼部了：□是 □否

妈妈给我擦洗耳部了：□是 □否

妈妈给我清洗鼻腔了：□是 □否

妈妈给我清洁口腔了：□是 □否

爸爸妈妈对我说

17

第 1 月

第十七天

年　　月　　日

1 体格检查

我的体温：_____℃

我的脐部渗液了：□是 □否

我长湿疹了：□是 □否

2 喂养记录

妈妈用纯母乳喂我：□是 □否

妈妈给我添加了配方奶粉：每次 _____ 毫升，

每日添加 _____ 次，奶粉品牌 __________

我补充了维生素 D：□是 □否

我补充了钙：□是 □否

3 排便记录

我大便了 _____ 次

我的大便：□糊状 □较干 □量多质软；

□金黄色 □其他（_____ 色）；

□无臭味 □有臭味

我小便了 _____ 次

4 睡眠记录

我睡了 _____ 小时

5 洗护记录

妈妈给我洗澡了：□是 □否

妈妈给我做抚触了：□是 □否

妈妈给我剪指甲了：□是 □否

妈妈给我擦拭眼部了：□是 □否

妈妈给我擦洗耳部了：□是 □否

妈妈给我清洗鼻腔了：□是 □否

妈妈给我清洁口腔了：□是 □否

爸爸妈妈对我说

育儿贴士

怎样做头面部抚触？

⊙头面部抚触能增强脑部血液循环，增强大脑氧气供给。

（1）头部抚触

⊙轻轻托住宝宝的后脑勺，四指并拢，从前额慢慢向后脑勺方向抚触，大约 3 次。做完一侧，按照相同的方法做另一侧即可。

（2）面部抚触

⊙顺着眉毛的方向，从眉头开始向双颞侧水平推压至太阳穴处。从下颌部朝太阳穴的方向向上提拉，做笑脸状的动作，约 5~10 次。

18

第 1 月

第十八天

年　月　日

1 体格检查

我的体温：_____℃

我的脐部渗液了：□是 □否

我长湿疹了：□是 □否

2 喂养记录

妈妈用纯母乳喂我：□是 □否

妈妈给我添加了配方奶粉：每次 _____ 毫升，

每日添加 _____ 次，奶粉品牌 __________

我补充了维生素 D：□是 □否

我补充了钙：□是 □否

3 排便记录

我大便了 _____ 次

我的大便：□糊状 □较干 □量多质软；

□金黄色 □其他（_____ 色）；

□无臭味 □有臭味

我小便了 _____ 次

4 睡眠记录

我睡了 _____ 小时

5 洗护记录

妈妈给我洗澡了：□是 □否

妈妈给我做抚触了：□是 □否

妈妈给我剪指甲了：□是 □否

妈妈给我擦拭眼部了：□是 □否

妈妈给我擦洗耳部了：□是 □否

妈妈给我清洗鼻腔了：□是 □否

妈妈给我清洁口腔了：□是 □否

爸爸妈妈对我说

育儿贴士

怎样做胸、腹部抚触？

⊙胸部抚触能舒展胸大肌，促进血液循环，增强胸部运动等。腹部抚触可促进肠蠕动，使大便通畅，增强肠胃动力。

（1）胸部抚触

⊙双手四指并拢，从一侧的肋骨斜向上推至对侧的肩膀，复原，重复约5次。抚触过程中，应注意避开乳头的位置。

（2）腹部抚触

⊙按顺时针方向，围绕宝宝肚脐，轻轻抚触，约5圈。如果宝宝的脐痂还没有脱落，可以暂时不做。

1 体格检查

我的体温：_____℃

我的脐部渗液了：□是 □否

我长湿疹了：□是 □否

2 喂养记录

妈妈用纯母乳喂我：□是 □否

妈妈给我添加了配方奶粉：每次 _____ 毫升，

每日添加 _____ 次，奶粉品牌 __________

我补充了维生素 D：□是 □否

我补充了钙：□是 □否

3 排便记录

我大便了 _____ 次

我的大便：□糊状 □较干 □量多质软；

□金黄色 □其他（_____ 色）；

□无臭味 □有臭味

我小便了 _____ 次

4 睡眠记录

我睡了 _____ 小时

5 洗护记录

妈妈给我洗澡了：□是 □否

妈妈给我做抚触了：□是 □否

妈妈给我剪指甲了：□是 □否

妈妈给我擦拭眼部了：□是 □否

妈妈给我擦洗耳部了：□是 □否

妈妈给我清洗鼻腔了：□是 □否

妈妈给我清洁口腔了：□是 □否

爸爸妈妈对我说

育儿贴士

怎样做四肢抚触?

⊙四肢抚触不仅可以促进宝宝的血液循环和肌肉运动，还有助于宝宝精细运动的发展。

（1）上肢抚触

⊙胳膊的抚触采取轻轻捏的方式。大拇指和其他四指分开，从宝宝的肩部到手腕部，轻轻地一捏一放。抚触完胳膊后，再抚触小手。

⊙展开宝宝的小手，顺着宝宝的手腕到指尖的方向，用四指抚触手背。然后将小手翻过来，用大拇指顺着宝宝的手指根部向手指尖部的方向，逐根捋手指头。抚触完后轻轻地提拉手指尖。

⊙抚触完一侧，用相同方法抚触另一侧。

（2）下肢抚触

⊙小腿的抚触和胳膊的抚触方法类似。

⊙小脚的抚触和小手的抚触方法也类似。

20

第 1 月　　我的成长足迹

年　月　日

第二十天

1 体格检查

我的体温：_____℃

我的脐部渗液了：□是 □否

我长湿疹了：□是 □否

2 喂养记录

妈妈用纯母乳喂我：□是 □否

妈妈给我添加了配方奶粉：每次 _____ 毫升，

每日添加 _____ 次，奶粉品牌 __________

我补充了维生素 D：□是 □否

我补充了钙：□是 □否

3 排便记录

我大便了 _____ 次

我的大便：□糊状 □较干 □量多质软；

□金黄色 □其他（_____ 色）；

□无臭味 □有臭味

我小便了 _____ 次

4 睡眠记录

我睡了 _____ 小时

5 洗护记录

妈妈给我洗澡了：□是 □否

妈妈给我做抚触了：□是 □否

妈妈给我剪指甲了：□是 □否

妈妈给我擦拭眼部了：□是 □否

妈妈给我擦洗耳部了：□是 □否

妈妈给我清洗鼻腔了：□是 □否

妈妈给我清洁口腔了：□是 □否

爸爸妈妈对我说

育儿贴士

怎样做背部抚触？

⊙背部抚触主要是促进消化，增强食欲。

⊙将宝宝由仰卧位翻至俯卧位，如果往左侧翻身，则将宝宝左侧的小手向上举一下，让宝宝呈俯卧位，将小手放到下颌处，起到支撑作用。或者让宝宝的头偏向一侧，把脸放在手上也可以。

⊙背部抚触主要进行脊柱两边的抚触。四指并拢，依从上到下、从中间到两边的顺序，避开脊椎的位置轻轻抚触，约 3 次。

⊙在小屁股上以画圆圈的方式做抚触，10 ~ 15 次即可。

21

第 1 月

我的成长足迹 第二十一天

年 月 日

1 体格检查

我的体温：_____℃

我的脐部渗液了：□是 □否

我长湿疹了：□是 □否

2 喂养记录

妈妈用纯母乳喂我：□是 □否

妈妈给我添加了配方奶粉：每次 _____ 毫升，

每日添加 _____ 次，奶粉品牌 __________

我补充了维生素 D：□是 □否

我补充了钙：□是 □否

3 排便记录

我大便了 _____ 次

我的大便：□糊状 □较干 □量多质软；

□金黄色 □其他（_____ 色）；

□无臭味 □有臭味

我小便了 _____ 次

4 睡眠记录

我睡了 _____ 小时

5 洗护记录

妈妈给我洗澡了：□是 □否

妈妈给我做抚触了：□是 □否

妈妈给我剪指甲了：□是 □否

妈妈给我擦拭眼部了：□是 □否

妈妈给我擦洗耳部了：□是 □否

妈妈给我清洗鼻腔了：□是 □否

妈妈给我清洁口腔了：□是 □否

21

6 生长记录

我很喜欢吃自己的**小拳头**：□是 □否

爸爸总喜欢把他的手指放到我的手里，那我就紧紧地**握住**你：□是 □否

即使躺在床上，我也经常**转头**看看四周：□是 □否

妈妈给我看了很多**颜色**鲜艳且对比非常强烈的图片：□是 □否

我发现能发光的东西太有意思了，我喜欢**追着看**：□是 □否

除了哭的声音外，我的喉咙里还能发出其他**声音**了：□是 □否

我心情不好的时候，妈妈把我抱起来，我就会特别地**安心**，不哭不闹了：□是 □否

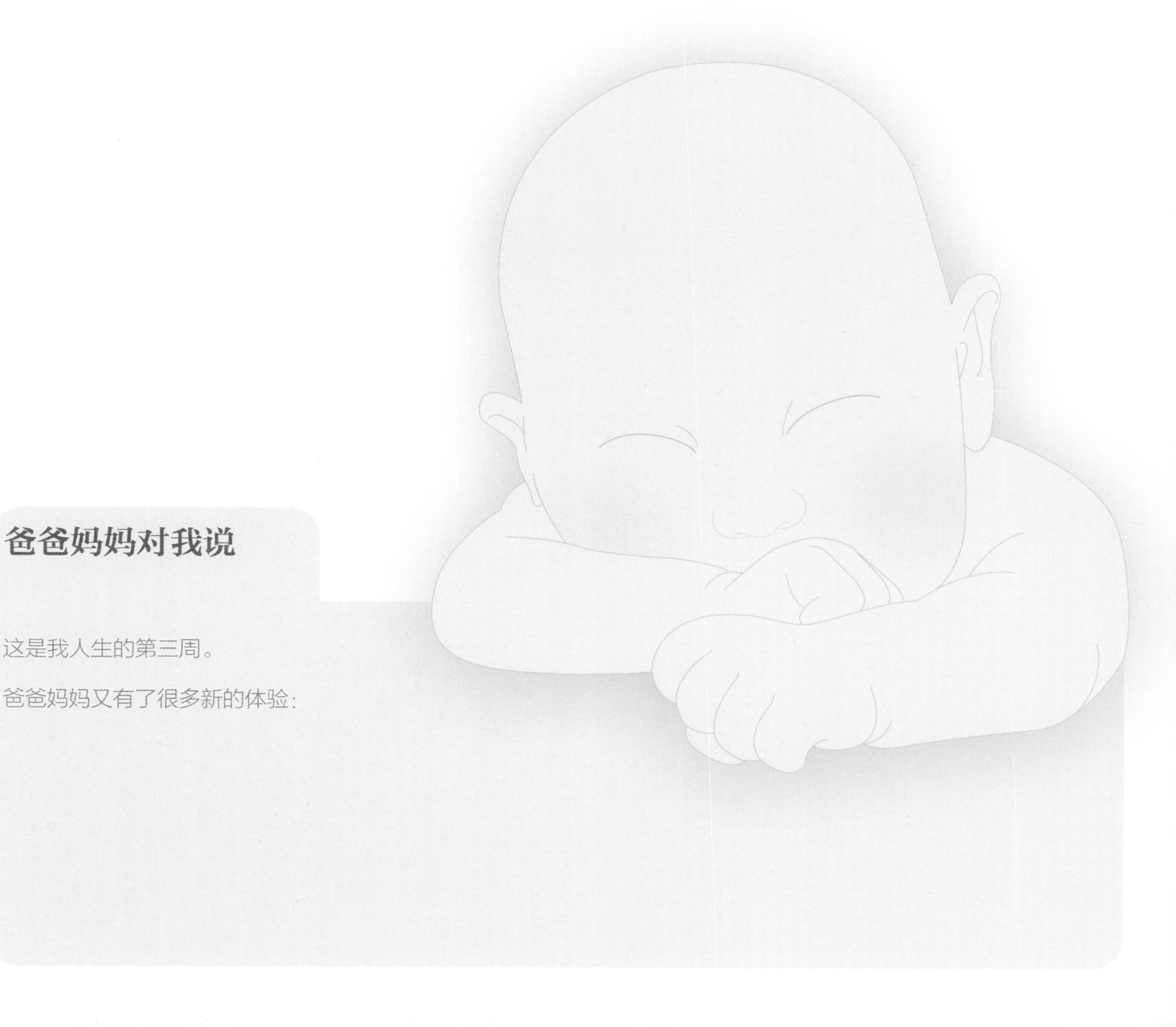

爸爸妈妈对我说

这是我人生的第三周。

爸爸妈妈又有了很多新的体验：

年 月 日

第二十二天

1 体格检查

我的体温：_____℃

我长湿疹了：□是 □否

2 喂养记录

妈妈用纯母乳喂我：□是 □否

妈妈给我添加了配方奶粉：每次 _____ 毫升，

每日添加 _____ 次，奶粉品牌 __________

我吃完奶后总会吐出一些：□是 □否

我补充了维生素 D：□是 □否

我补充了钙：□是 □否

3 排便记录

我大便了 _____ 次

我的大便：□糊状 □较干 □量多质软；

□金黄色 □其他（_____ 色）；

□无臭味 □有臭味

我小便了 _____ 次

4 睡眠记录

我睡了 _____ 小时

5 洗护记录

只要天气合适，妈妈就带我晒太阳：□是 □否

即使不出门，妈妈也会给我开窗通风：□是 □否

妈妈给我洗澡了：□是 □否

妈妈给我做抚触了：□是 □否

妈妈给我剪指甲了：□是 □否

妈妈给我擦拭眼部了：□是 □否

妈妈给我擦洗耳部了：□是 □否

妈妈给我清洗鼻腔了：□是 □否

妈妈给我清洁口腔了：□是 □否

爸爸妈妈对我说

温馨提醒

该给我准备剃胎毛、办满月酒、拍满月照啦！

育儿贴士

1. 溢奶如何处理？

⊙溢奶是指喂奶后随即有少量奶水从嘴角溢出，有时换尿布时宝宝也会出现，一般不会影响宝宝的生长发育。随着宝宝月龄增大，溢奶现象会自然消失。因此，喂完奶后，妈妈一定要把宝宝竖直抱起，并轻轻拍打他的后背至排出气嗝。

2. 吐奶是怎么回事？

⊙有时宝宝吐奶时，简直就是将奶喷出来了，连小鼻孔里都有奶液。吐奶常常是由于喂奶过多、过快，或者是由于奶嘴孔过大导致宝宝吸奶过急，或者是由于喂奶后马上翻动宝宝而致。

⊙也有一些疾病会引起吐奶，这就需要及时就医。因此遇到吐奶的情况，妈妈需要细心观察。如果宝宝吐奶后，依然吃得香、睡得好，没有什么异常情况，就不用担心。因为此时宝宝的吮吸力大，有时候饿极了吃得猛就会引起呕吐，尤其多见于比较顽皮的男宝宝。

23 第 1 月

年 月 日

第二十三天

1 体格检查

我的体温：_____℃

我长湿疹了：□是 □否

2 喂养记录

妈妈用纯母乳喂我：□是 □否

妈妈给我添加了配方奶粉：每次 _____ 毫升，

每日添加 _____ 次，奶粉品牌 __________

我吃完奶后总会吐出一些：□是 □否

我补充了维生素 D：□是 □否

我补充了钙：□是 □否

3 排便记录

我大便了 _____ 次

我的大便：□糊状 □较干 □量多质软；

□金黄色 □其他（_____ 色）；

□无臭味 □有臭味

我小便了 _____ 次

4 睡眠记录

我睡了 _____ 小时

5 洗护记录

只要天气合适，妈妈就带我晒太阳：□是 □否

即使不出门，妈妈也会给我开窗通风：□是 □否

妈妈给我洗澡了：□是 □否

妈妈给我做抚触了：□是 □否

妈妈给我剪指甲了：□是 □否

妈妈给我擦拭眼部了：□是 □否

妈妈给我擦洗耳部了：□是 □否

妈妈给我清洗鼻腔了：□是 □否

妈妈给我清洁口腔了：□是 □否

爸爸妈妈对我说

育儿贴士

“三浴”不可少

⊙“三浴”是指空气浴、日光浴和水浴。

⊙空气浴是一种最简单易行的方法。接触新鲜空气是锻炼的第一步，人体皮肤表面温度与气温差形成的刺激，能促进宝宝的新陈代谢，从而有利于宝宝心肺功能的发展。出生后 3 ~ 4 周的宝宝，夏季可在户外阴凉处睡眠或活动片刻，冬季可开窗呼吸新鲜空气，待习惯较冷的空气后再去户外。

⊙日光浴可加快宝宝的血液循环，提高心肺功能，有利于宝宝的生长发育。但应避免强烈的日光直射，尤其是眼部和头部。日光浴最好在餐后 1 ~ 1.5 小时进行，不宜空腹。

⊙这个时期的宝宝进行水浴时，应采用浸浴的方式。浴盆中的水量应以宝宝半躺着时锁骨以下全浸入水中为宜。室温 20℃左右，水温约 32℃，每次约 5 分钟。

24

第 1 月

年 月 日

我的第二十四天

成 长 足 迹

1 体格检查

我的体温：_____℃

我长湿疹了：□是 □否

2 喂养记录

妈妈用纯母乳喂我：□是 □否

妈妈给我添加了配方奶粉：每次 _____ 毫升，

每日添加 _____ 次，奶粉品牌 __________

我吃完奶后总会吐出一些：□是 □否

我补充了维生素 D：□是 □否

我补充了钙：□是 □否

3 排便记录

我大便了 _____ 次

我的大便：□糊状 □较干 □量多质软；

□金黄色 □其他（_____ 色）；

□无臭味 □有臭味

我小便了 _____ 次

4 睡眠记录

我睡了 _____ 小时

5 洗护记录

只要天气合适，妈妈就带我晒太阳：□是 □否

即使不出门，妈妈也会给我开窗通风：□是 □否

妈妈给我洗澡了：□是 □否

妈妈给我做抚触了：□是 □否

妈妈给我剪指甲了：□是 □否

妈妈给我擦拭眼部了：□是 □否

妈妈给我擦洗耳部了：□是 □否

妈妈给我清洗鼻腔了：□是 □否

妈妈给我清洁口腔了：□是 □否

爸爸妈妈对我说

育儿贴士

1. 给宝宝剪指甲要注意什么?

⊙宝宝的手指甲平均每天增长0.01厘米，因此一般每周修剪1次，最多修剪3次。最好在宝宝安静状态下给他剪指甲，如熟睡、喂奶时。指甲剪得应短而滑，以免宝宝抓伤自己，但是不应剪得过短，以免破坏宝宝的甲床，致使甲床感染。一般来说，脚指甲远比手指甲增长得慢，因而1~2个月修剪一次即可。

2. 脐疝是怎么回事?

⊙宝宝的脐带脱落后，脐带部位有突出腹外的腹腔脏器，脏器表面有一层透明的囊膜覆盖，囊膜上是脐带残端，这就是“脐疝”。宝宝哭闹、排便时，腹部压力增高，脐疝增大；睡眠、安静时，脐疝减小，甚至看不见。大多数宝宝1~2岁时脐疝会自愈。如果脐疝过大，属于疾病范畴，则需手术治疗。

25 第 1 月 我的成长足迹

年 月 日

第二十五天

1 体格检查

我的体温：_____℃

我长湿疹了：□是 □否

2 喂养记录

妈妈用纯母乳喂我：□是 □否

妈妈给我添加了配方奶粉：每次 _____ 毫升，

每日添加 _____ 次，奶粉品牌 __________

我吃完奶后总会吐出一些：□是 □否

我补充了维生素 D：□是 □否

我补充了钙：□是 □否

3 排便记录

我大便了 _____ 次

我的大便：□糊状 □较干 □量多质软；

□金黄色 □其他（_____ 色）；

□无臭味 □有臭味

我小便了 _____ 次

4 睡眠记录

我睡了 _____ 小时

5 洗护记录

只要天气合适，妈妈就带我晒太阳：□是 □否

即使不出门，妈妈也会给我开窗通风：□是 □否

妈妈给我洗澡了：□是 □否

妈妈给我做抚触了：□是 □否

妈妈给我剪指甲了：□是 □否

妈妈给我擦拭眼部了：□是 □否

妈妈给我擦洗耳部了：□是 □否

妈妈给我清洗鼻腔了：□是 □否

妈妈给我清洁口腔了：□是 □否

爸爸妈妈对我说

育儿贴士

1. 婴儿湿疹是怎么回事?

⊙婴儿湿疹俗称“奶癣”，大多在出生后 1 ~ 3 个月出现，最开始表现为红色小疹子，后呈小水泡，多见于双颊、头皮、额部、眉间、颈部、颌下或耳后。宝宝出现湿疹可能是由于对奶、鱼、虾、肉、蛋等中的蛋白质过敏，或者是受摩擦、肥皂、唾液、溢奶等刺激，但多为牛奶过敏所致。

⊙奶痂属于湿疹的一种，为黄白色的油状物质，多分布在囟门处。因此应经常清洗，以免致病菌通过囟门进入大脑。清洗时，可选用宝宝专用洗发液，但应用手指指肚平按囟门处轻轻揉搓。若积垢难以清除，可将橄榄油蒸熟，待凉后用其涂抹，2 ~ 3 小时后再用棉球顺着头发生长的方向擦掉，并用清水冲洗干净。

2. 如何预防宝宝湿疹?

⊙宝宝应尽量避免进食可能引起过敏的食物。母乳喂养的宝宝，妈妈最好不要吃容易引起过敏的食物以及刺激性食物；非母乳喂养的宝宝，妈妈应选择含益生元的配方奶粉。勤给宝宝洗手、剪指甲。宝宝的衣服应尽量选择棉质、宽松的。

第二十六天

年　　月　　日

1 体格检查

我的体温：_____℃

我长湿疹了：□是 □否

2 喂养记录

妈妈用纯母乳喂我：□是 □否

妈妈给我添加了配方奶粉：每次 _____ 毫升，

每日添加 _____ 次，奶粉品牌 __________

我吃完奶后总会吐出一些：□是 □否

我补充了维生素 D：□是 □否

我补充了钙：□是 □否

3 排便记录

我大便了 _____ 次

我的大便：□糊状 □较干 □量多质软；

□金黄色 □其他（_____ 色）；

□无臭味 □有臭味

我小便了 _____ 次

4 睡眠记录

我睡了 _____ 小时

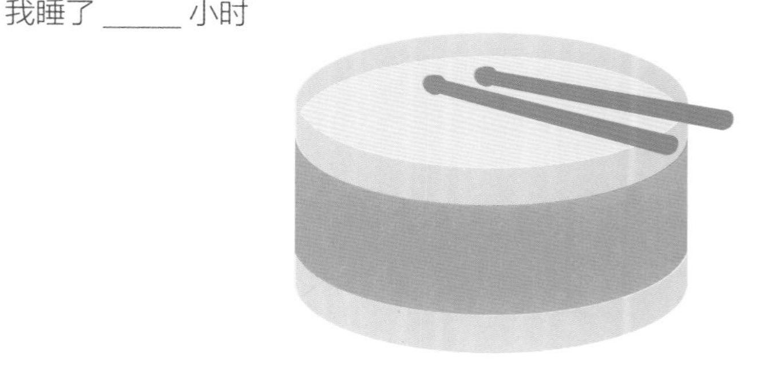

5 洗护记录

只要天气合适，妈妈就带我晒太阳：□是 □否

即使不出门，妈妈也会给我开窗通风：□是 □否

妈妈给我洗澡了：□是 □否

妈妈给我做抚触了：□是 □否

妈妈给我剪指甲了：□是 □否

妈妈给我擦拭眼部了：□是 □否

妈妈给我擦洗耳部了：□是 □否

妈妈给我清洗鼻腔了：□是 □否

妈妈给我清洁口腔了：□是 □否

爸爸妈妈对我说

育儿贴士

1. 宝宝经常夜啼是怎么回事？

⊙宝宝半夜啼哭可能是因为发高烧、肚子痛或耳朵痛等身体异常，除此之外就是宝宝心里焦躁。造成宝宝焦躁的原因有：对宝宝管得太多，使宝宝始终紧张，没有一点安逸的时间，这样会引起宝宝半夜啼哭；宝宝白天受到过强的刺激，如妈妈斥责的语调和表情，会使宝宝从梦中惊醒，啼哭不停；家庭氛围不和谐，家庭成员关系紧张，这种情况会对宝宝产生很大的影响。

2. 宝宝半夜啼哭怎么办？

⊙首先要排除宝宝身体上的异常，如有异常应先针对身体异常进行治疗。

⊙对于宝宝不明原因的啼哭，在日本有“育儿之神”之称的内藤寿七郎认为：体贴入微是治疗半夜啼哭的特效药。家庭成员之间不要互相埋怨，不要责备，要接纳宝宝的夜啼，相信宝宝的半夜啼哭总会好的。此外，以默默无语的笑脸去面对宝宝，也不失为一种好方法。这种方法对宝宝高度紧张的神经能起到镇定作用。

3. 哭的能力就是说的能力

⊙新生儿先会哭叫，哭的能力就是他说的能力，哭是新生儿唯一的言语，是他和成人交流的主要方式。新生儿在哭的时候，一直在倾听周围人说话的声音，并学会辨别不同的表达方式，这就是懂话的萌芽。

27

第 1 月　我的成长足迹

第二十七天

年　　月　　日

1 体格检查

我的体温：_____℃

我长湿疹了：□是　□否

2 喂养记录

妈妈用纯母乳喂我：□是　□否

妈妈给我添加了配方奶粉：每次 _____ 毫升，

每日添加 _____ 次，奶粉品牌 __________

我吃完奶后总会吐出一些：□是　□否

我补充了维生素 D：□是　□否

我补充了钙：□是　□否

3 排便记录

我大便了 _____ 次

我的大便：□糊状　□较干　□量多质软；

□金黄色　□其他（_____ 色）；

□无臭味　□有臭味

我小便了 _____ 次

4 睡眠记录

我睡了 _____ 小时

5 洗护记录

只要天气合适，妈妈就带我晒太阳：□是 □否

即使不出门，妈妈也会给我开窗通风：□是 □否

妈妈给我洗澡了：□是 □否

妈妈给我做抚触了：□是 □否

妈妈给我剪指甲了：□是 □否

妈妈给我擦拭眼部了：□是 □否

妈妈给我擦洗耳部了：□是 □否

妈妈给我清洗鼻腔了：□是 □否

妈妈给我清洁口腔了：□是 □否

爸爸妈妈对我说

育儿贴士

剖宫产的宝宝需要更多的关注吗？

⊙宝宝是经过母体产道的强烈挤压出生的，这是人生中第一个强烈的感觉刺激，对大脑的发育影响非常大。而剖宫产宝宝缺少这一过程，所以触觉更为敏感，情绪也更容易受到外界的影响，若不及时采取补救措施，日后可能会出现惧怕陌生人、发音不良、挑食、偏食以及笨手笨脚等现象。而加强对剖宫产宝宝的触觉刺激，能部分弥补这一生产方式带来的不足。

⊙除了每天帮宝宝做抚触外，可以让宝宝每天在轻拍、抚摸中入睡，从快速抚摸、拍背中醒来。让宝宝在泡澡时玩能浮在水中或吸水的玩具，并用沐浴海绵帮宝宝揉搓身体。爸爸妈妈要经常轻吻宝宝的额头，贴贴宝宝的小脸，摸摸宝宝的小手，还要经常拥抱宝宝，并抚摸宝宝的背部，这样会增加宝宝的安全感，缓解宝宝敏感的情绪。

28 第 1 月

年 月 日

我的第二十八天

成长足迹

1 体格检查

我做了体检，体重 _____ 千克、

身长 _____ 厘米、头围 _____ 厘米

我的体温：_____℃

我长湿疹了：□是 □否

2 喂养记录

妈妈用纯母乳喂我：□是 □否

妈妈给我添加了配方奶粉：每次 _____ 毫升，

每日添加 _____ 次，奶粉品牌 __________

我吃完奶后总会吐出一些：□是 □否

我补充了维生素 D：□是 □否

我补充了钙：□是 □否

3 排便记录

我大便了 _____ 次

我的大便：□糊状 □较干 □量多质软；

□金黄色 □其他（_____ 色）；

□无臭味 □有臭味

我小便了 _____ 次

4 睡眠记录

我睡了 _____ 小时

5 洗护记录

只要天气合适，妈妈就带我晒太阳：□是 □否

即使不出门，妈妈也会给我开窗通风：□是 □否

妈妈给我洗澡了：□是 □否

妈妈给我做抚触了：□是 □否

妈妈给我剪指甲了：□是 □否

妈妈给我擦拭眼部了：□是 □否

妈妈给我擦洗耳部了：□是 □否

妈妈给我清洗鼻腔了：□是 □否

妈妈给我清洁口腔了：□是 □否

爸爸妈妈对我说

时间过得真快，我马上就要满月了。在这一个月里，爸爸妈妈真的是太辛苦了，尤其是妈妈为我操碎了心，吃不好，睡不好。但是我能感觉到他们有多爱我，因为爸爸妈妈经常对我说：

28 满月了，看我是不是长大了很多！

（照片）

爸爸妈妈给我办了满月宴，
他们请来了很多亲朋好友，
大家欢聚一堂庆祝我满月。
（照片）

第 1 月 年 月 日

体格发育指标

发育评估

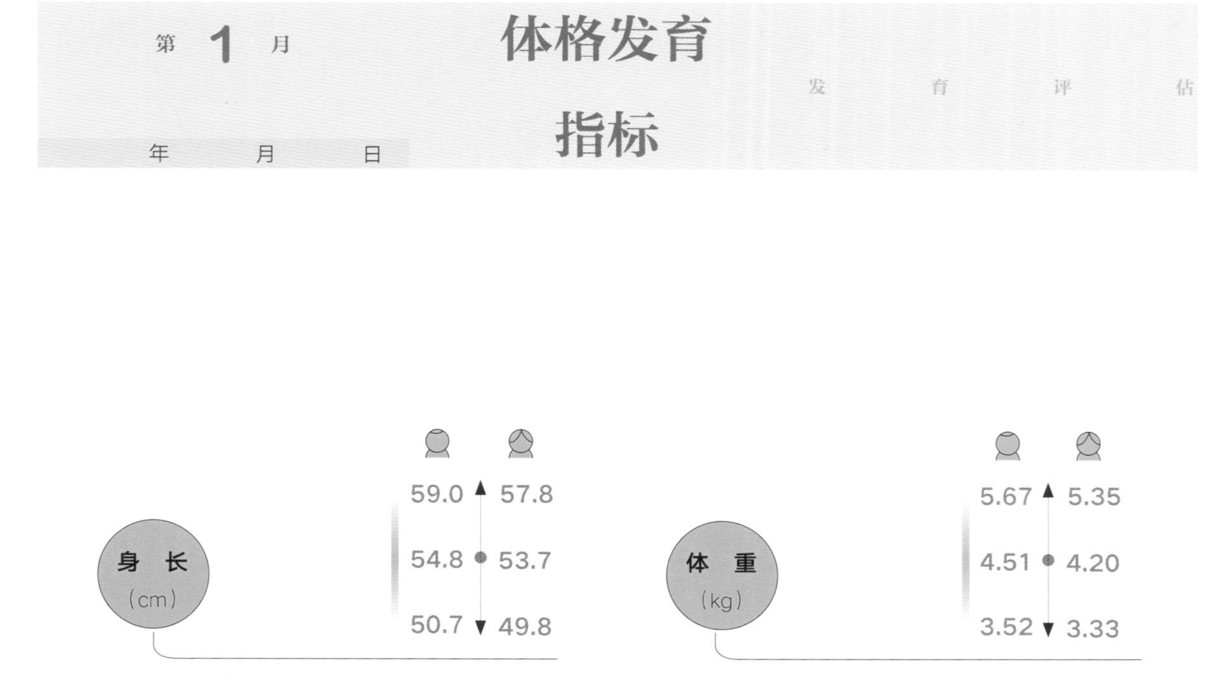

身长（cm）

	男孩	女孩
▲	59.0	57.8
●	54.8	53.7
▼	50.7	49.8

体重（kg）

	男孩	女孩
▲	5.67	5.35
●	4.51	4.20
▼	3.52	3.33

头 围（cm）

	男	女
▲	39.4	38.4
●	36.9	36.2
▼	34.5	33.8

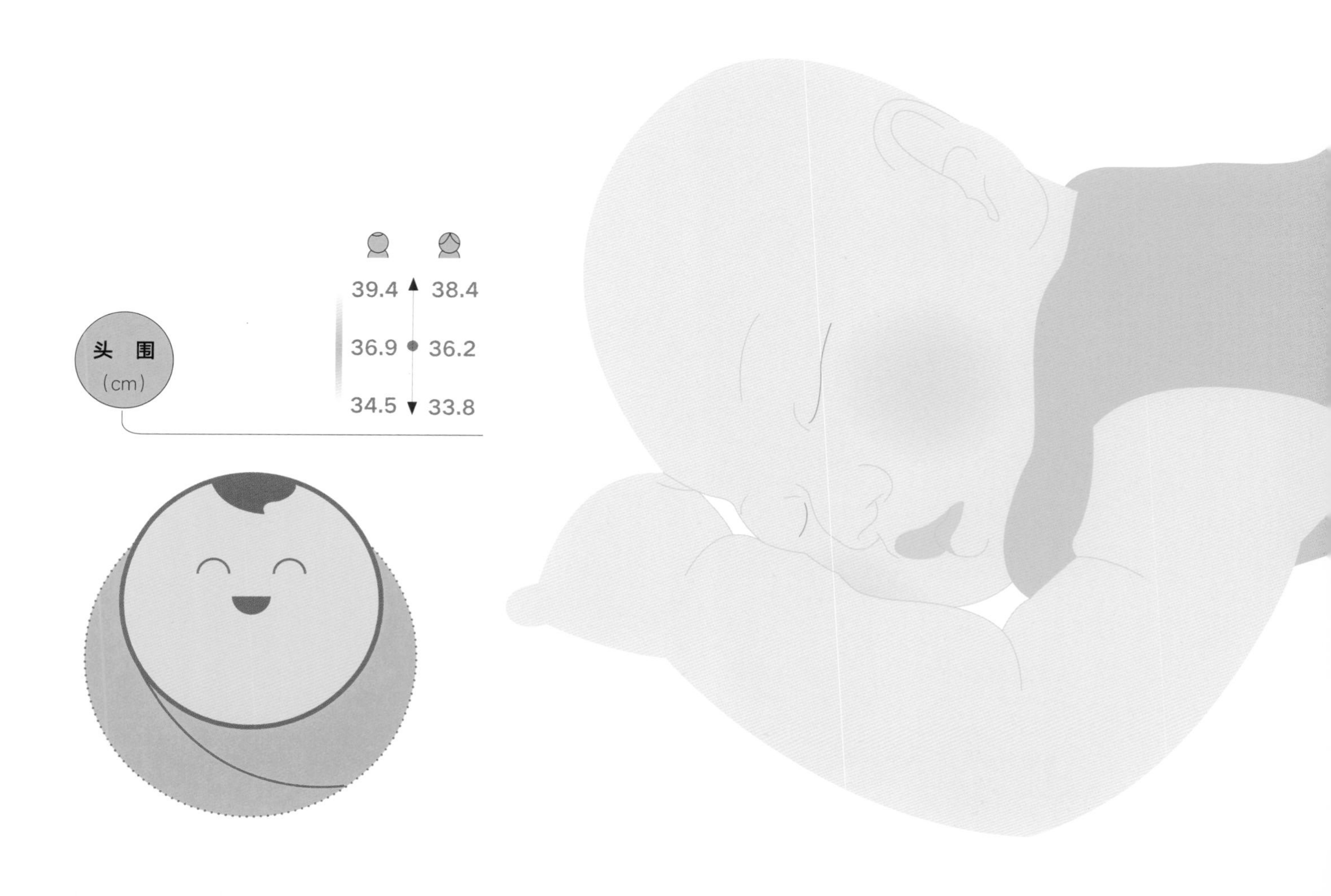

第 1 月

心理发展评估

年　月　日

大运动

A	B
用脚蹬家长的手	俯卧可微抬头
宝宝仰卧在床上，用手顶住宝宝的双脚，能否感到手上被蹬踏	宝宝俯卧，用摇铃逗引宝宝，观察宝宝能否将头抬起来约 2 秒
能　不能　不确定	能　不能　不确定

较好　一般　需关注

对人的反应

A	B
被抱起时宝宝安静下来	喜欢洗澡
宝宝躺在小床上哭闹时，妈妈抱起宝宝来，观察宝宝能否安静下来	给宝宝洗澡，观察宝宝是否有愉悦的表现
能　不能　不确定	能　不能　不确定

较好　一般　需关注

对心理发展评估结果的解释：

1. 若每个领域中的两项都为“能”，则说明宝宝在这个领域处于较好的发育状态；
2. 若单个领域中的两项都不为“能”且其中一项为“不能”，则说明宝宝在该领域中的发育情况需要特别关注；
3. 若介于以上两种情况之间，则说明宝宝的发育情况一般；
4. 若有两个或两个以上领域处于需要关注的情况，则希望您到儿童保健机构或相关单位进行咨询。

对物的反应

	A	B
项目	视线随着光的移动而移动	视线跟至中线
方法	用手电筒光束照向墙面或屋顶并引起宝宝注意，慢慢移动手电筒，观察宝宝的视线能否跟着光移动	宝宝仰卧，将红球举到距宝宝脸15～20cm处，慢慢地由头的一侧沿弧线通过中线再移向另一侧，观察宝宝的眼睛和头能否跟着移动
结果	能 ○ 不能 ○ 不确定 ○	能 ○ 不能 ○ 不确定 ○

较好 ○　一般 ○　需关注 ○

语　言

	A	B
项目	发声但不是哭声	听声音有反应
方法	倾听宝宝能否发出细小的喉音	宝宝仰卧，在其两耳侧上方15～20cm处轻摇铃，观察宝宝的反应（动作有变化或者停止动作）
结果	能 ○ 不能 ○ 不确定 ○	能 ○ 不能 ○ 不确定 ○

较好 ○　一般 ○　需关注 ○

生活素描

2 出生2个月的宝宝和新生儿相比，对外界的适应能力要强很多。

2个月的宝宝的睡眠开始显现昼夜规律，晚上睡眠时，一觉可延长至4～5小时，白天的觉醒时间也渐渐地开始有了规律。这是让宝宝养成白天觉醒、夜里睡眠的时机。妈妈可以在白天带宝宝外出活动，晒晒太阳，夜里为宝宝创造一个良好的睡眠环境，促进宝宝养成良好的睡眠习惯。

2个月的宝宝仰卧时头可以自由转动，俯卧时头可逐渐抬起，抬头动作从抬起45度到抬起90度，逐渐稳定。竖直抱时，宝宝的头部可以竖立几秒钟甚至1分钟。

2～3个月时，宝宝就“发现”了自己的小手。宝宝的小手经常处于握拳状态，有时会张开，两手偶尔能握在一起。宝宝开始尝试用这双神奇的小手进行主动探索。

2个月时，宝宝能看清眼前15～30厘米内的物体。宝宝喜欢看活动的物体和熟悉的人的脸，还喜欢注视红球，并随着红球的移动转移视线。

哺乳的规律性也逐渐建立，宝宝与妈妈的互动更默契了。妈妈要尽量给予宝宝生理上的舒适感和心理上的安全感。此时的宝宝已经有了交流的意愿，他们最喜欢听大人的说话声。爸爸妈妈要经常用亲切温柔的声音与宝宝谈话，使宝宝产生愉快、温暖和信赖的感觉，这是宝宝未来健康人格发展的基础。

这一阶段的宝宝虽然已经比新生儿时适应能力强，但还需要重点保护。妈妈要用心关注宝宝的睡眠、饮食、大小便习惯。

第二个月

第 **2** 月

我的第一周

A

年　　月　　日

成　长　足　迹

1 体格检查

我的湿疹：□没有了 □好转了 □还是很严重

2 喂养记录

妈妈一直用纯母乳喂我：□是 □否

妈妈给我完全添加了配方奶粉：□是 □否，每次 ______ 毫升，

每日添加 ______ 次，奶粉品牌 __________

我补充了维生素 D：□是 □否

我补充了钙：□是 □否

3 排便记录

我这几天的大便：□便秘 □正常 □总是腹泻

我这几天的小便量：□较多 □正常 □较少

4 睡眠记录

我的睡眠逐渐有规律了：□是 □否

我夜里睡得踏实了：□是 □否

5 洗护记录

只要天气合适，妈妈就带我晒太阳：□是 □否

即使不出门，妈妈也会给我开窗通风：□是 □否

妈妈给我洗澡了：□是 □否

妈妈给我剪指甲了：□是 □否

妈妈给我擦拭眼部了：□是 □否

妈妈给我擦洗耳部了：□是 □否

妈妈给我清洗鼻腔了：□是 □否

妈妈给我清洁口腔了：□是 □否

温馨提醒

我接种了乙肝疫苗第二剂次：

□是 □否

爸爸妈妈对我说

育儿贴士

1. 如何通过尿量判断奶量?

⊙这个月的宝宝尿量有所增加，但次数与新生儿时期可能没有多大变化。如果一天尿不够 6 次的话，可能就是奶量不够。如果通过努力催乳，母乳还是难以满足宝宝的胃口，就需要考虑为宝宝添加配方奶粉了。

2. 是否应该控制宝宝吃手的行为?

⊙一般来说，这时期的宝宝动作与感觉开始协调，视觉、听觉、触觉都可以与动作配合，宝宝还常常把小手拿到身体的中央来，发现自己小手后会专注地看着。对于这时期的宝宝而言，手是一种充满趣味的玩具。此时的宝宝开始主动寻找环境中的刺激，最明显的行为就是吃手。宝宝通过手和口的联动，使自己的情绪稳定下来。所以，家长不要控制宝宝吃手，而且还要给宝宝“吃”一些别的东西，如将一些安全的软玩具清洗消毒后给宝宝“啃”着玩，这样可以促进宝宝感知觉的发展。

第 2 月

我的第一周 B

年 月 日

成 长 足 迹

1 体格检查

我的湿疹：□没有了 □好转了 □还是很严重

2 喂养记录

妈妈一直用纯母乳喂我：□是 □否

妈妈给我完全添加了配方奶粉：□是 □否，每次 _____ 毫升，

每日添加 _____ 次，奶粉品牌 __________

我补充了维生素 D：□是 □否

我补充了钙：□是 □否

3 排便记录

我这几天的大便：□便秘 □正常 □总是腹泻

我这几天的小便量：□较多 □正常 □较少

4 睡眠记录

我的睡眠逐渐有规律了：□是 □否

我夜里睡得踏实了：□是 □否

5 洗护记录

只要天气合适，妈妈就带我晒太阳：□是 □否

即使不出门，妈妈也会给我开窗通风：□是 □否

妈妈给我洗澡了：□是 □否

妈妈给我剪指甲了：□是 □否

妈妈给我擦拭眼部了：□是 □否

妈妈给我擦洗耳部了：□是 □否

妈妈给我清洗鼻腔了：□是 □否

妈妈给我清洁口腔了：□是 □否

爸爸妈妈对我说

育儿贴士

房间布置应注意什么？

⊙小宝宝的房间东西不要太多、太杂乱，装饰物要选用纯色或对比鲜明的颜色。比如，布置一些黑白对比的色块，因为这时宝宝看到的世界是黑白的，黑白色块的刺激更适合宝宝的视觉发展；也可以在宝宝床的上方悬吊红色的玩具，因为红色的光波长，更能吸引宝宝的注意力。如果悬吊的玩具可以晃动，则能锻炼宝宝的视觉追踪能力。如果悬吊的玩具可以发出声音，则对宝宝的听觉发展会有所帮助。

我的第二周

A

年 月 日

成 长 足 迹

1 体格检查

我的湿疹：□没有了 □好转了 □还是很严重

2 喂养记录

妈妈一直用纯母乳喂我：□是 □否

妈妈给我完全添加了配方奶粉：□是 □否，

每次 ______ 毫升，每日添加 ______ 次，奶粉品牌 ____________

我补充了维生素 D：□是 □否

我补充了钙：□是 □否

3 排便记录

我这几天的大便：□便秘 □正常 □总是腹泻

我这几天的小便量：□较多 □正常 □较少

4 睡眠记录

我的睡眠逐渐有规律了：□是 □否

我夜里睡得踏实了：□是 □否

5 洗护记录

只要天气合适，妈妈就带我晒太阳：□是 □否

即使不出门，妈妈也会给我开窗通风：□是 □否

妈妈给我洗澡了：□是 □否

妈妈给我剪指甲了：□是 □否

妈妈给我擦拭眼部了：□是 □否

妈妈给我擦洗耳部了：□是 □否

妈妈给我清洗鼻腔了：□是 □否

妈妈给我清洁口腔了：□是 □否

爸爸妈妈对我说

育儿贴士

为宝宝提供适宜的视听机会

⊙宝宝不仅能对声音、光亮的刺激做出寻找及闭眼的反应，对音色与音调也有辨识能力。比起爸爸低沉的声音，宝宝更喜欢妈妈较高亢的声音。宝宝还能识别噪声，噪声会使他烦躁，舒缓动听的音乐会使他安静。宝宝出生后第 2 个月，妈妈就可以给宝宝提供适宜的视听机会，这样有利于宝宝视听统合能力的发展。

第 2 月

我的第二周

B

年 月 日

成 长 足 迹

1 体格检查

这个月的体检做完了，现在的我：体重 _____ 千克、

身长 _____ 厘米、头围 _____ 厘米

我的湿疹：□没有了 □好转了 □还是很严重

2 喂养记录

妈妈一直用纯母乳喂我：□是 □否

妈妈给我完全添加了配方奶粉：□是 □否，

每次 _____ 毫升，每日添加 _____ 次，奶粉品牌 __________

我补充了维生素 D：□是 □否

我补充了钙：□是 □否

3 排便记录

我这几天的大便：□便秘 □正常 □总是腹泻

我这几天的小便量：□较多 □正常 □较少

4 睡眠记录

我的睡眠逐渐有规律了：□是 □否

我夜里睡得踏实了：□是 □否

5 洗护记录

只要天气合适，妈妈就带我晒太阳：□是 □否

即使不出门，妈妈也会给我开窗通风：□是 □否

妈妈给我洗澡了：□是 □否

妈妈给我剪指甲了：□是 □否

妈妈给我擦拭眼部了：□是 □否

妈妈给我擦洗耳部了：□是 □否

妈妈给我清洗鼻腔了：□是 □否

妈妈给我清洁口腔了：□是 □否

爸爸妈妈对我说

育儿贴士

宝宝开始“轮流说话”了

⊙宝宝长到两个月左右时，啼哭减少。当吃饱喝足或成人对他说话、点头微笑时，他便发出表示舒服的柔和的喔、哦声。这是一种松弛的、深沉的、分化不清的元音。开始时，宝宝对自己的声音感到好奇，成人的模仿会促进这个阶段的发展。有人认为这种声音是“轮流说话”的开始，其实这仍然是一种自然的反射行为。这时候如果大人们能经常与宝宝对话，便会促进宝宝的语言发展。

第 2 月

我的第三周

A

年 月 日

成 长 足 迹

1 体格检查

我的湿疹：□没有了 □好转了 □还是很严重

2 喂养记录

妈妈一直用纯母乳喂我：□是 □否

妈妈给我完全添加了配方奶粉：□是 □否，每次 ______ 毫升，

每日添加 ______ 次，奶粉品牌 ____________

我补充了维生素 D：□是 □否

我补充了钙：□是 □否

3 排便记录

我这几天的大便：□便秘 □正常 □总是腹泻

我这几天的小便量：□较多 □正常 □较少

4 睡眠记录

我的睡眠逐渐有规律了：□是 □否

我夜里睡得踏实了：□是 □否

5 洗护记录

只要天气合适，妈妈就带我晒太阳：□是 □否

即使不出门，妈妈也会给我开窗通风：□是 □否

妈妈给我洗澡了：□是 □否

妈妈给我剪指甲了：□是 □否

妈妈给我擦拭眼部了：□是 □否

妈妈给我擦洗耳部了：□是 □否

妈妈给我清洗鼻腔了：□是 □否

妈妈给我清洁口腔了：□是 □否

爸爸妈妈对我说

育儿贴士

怎样应对宝宝的啼哭？

⊙这时期宝宝与外界的沟通方式有限，只能通过哭和肢体语言表达他的情绪。哭是宝宝最主要的表达方式，饿了、尿湿了、太冷、太热、不舒服或者感到孤单与害怕，宝宝都会用哭来表达。因为他还不能自己解决这些问题，只能依赖爸爸妈妈。宝宝的这种无助感促成了他的另一种情感（信赖感）的形成。

⊙爸爸妈妈要及时查明宝宝哭的原因，并及时给予回应。满足宝宝的需求，他就会信赖你。信赖感是形成健康人格的基础。

第 2 月

我的第三周

B

年　月　日

成 长 足 迹

1 体格检查

我的湿疹：☐没有了 ☐好转了 ☐还是很严重

2 喂养记录

妈妈一直用纯母乳喂我：☐是 ☐否

妈妈给我完全添加了配方奶粉：☐是 ☐否，每次 _____ 毫升，

每日添加 _____ 次，奶粉品牌 __________

我补充了维生素 D：☐是 ☐否

我补充了钙：☐是 ☐否

3 排便记录

我这几天的大便：☐便秘 ☐正常 ☐总是腹泻

我这几天的小便量：☐较多 ☐正常 ☐较少

4 睡眠记录

我的睡眠逐渐有规律了：☐是 ☐否

我夜里睡得踏实了：☐是 ☐否

5 洗护记录

只要天气合适，妈妈就带我晒太阳：□是 □否

即使不出门，妈妈也会给我开窗通风：□是 □否

妈妈给我洗澡了：□是 □否

妈妈给我剪指甲了：□是 □否

妈妈给我擦拭眼部了：□是 □否

妈妈给我擦洗耳部了：□是 □否

妈妈给我清洗鼻腔了：□是 □否

妈妈给我清洁口腔了：□是 □否

爸爸妈妈对我说

育儿贴士

肌肤接触给宝宝以安全感

⊙宝宝的安全感首先是通过肌肤接触获得的。肌肤接触是妈妈与宝宝自然的情感交流，这种亲子间的情感交流，对宝宝来说是非常重要的“营养液”，对宝宝未来情绪的发展极为重要。无论是抱着、背着宝宝，还是妈妈身体的热量、妈妈的呼吸、妈妈的心跳，都会使宝宝感到安全。

⊙如果说饮食是为身体提供养分，那么肌肤接触就是为心灵提供养分。母婴肌肤间的接触不仅可以产生亲子间的一体感，也是宝宝与他人建立关系的基础。

⊙有报告指出：婴儿和妈妈肌肤接触能够培养稳定的情绪，和爸爸肌肤接触能够培养社会性。

第 2 月

我的第四周

A

年　　月　　日

成 长 足 迹

1 体格检查

我的湿疹：□没有了 □好转了 □还是很严重

2 喂养记录

妈妈一直用纯母乳喂我：□是 □否

妈妈给我完全添加了配方奶粉：□是 □否，每次 ______ 毫升，

每日添加 ______ 次，奶粉品牌 __________

我补充了维生素 D：□是 □否

我补充了钙：□是 □否

3 排便记录

我这几天的大便：□便秘 □正常 □总是腹泻

我这几天的小便量：□较多 □正常 □较少

4 睡眠记录

我的睡眠逐渐有规律了：□是 □否

我夜里睡得踏实了：□是 □否

5 洗护记录

只要天气合适，妈妈就带我晒太阳：□是 □否

即使不出门，妈妈也会给我开窗通风：□是 □否

妈妈给我洗澡了：□是 □否

妈妈给我剪指甲了：□是 □否

妈妈给我擦拭眼部了：□是 □否

妈妈给我擦洗耳部了：□是 □否

妈妈给我清洗鼻腔了：□是 □否

妈妈给我清洁口腔了：□是 □否

爸爸妈妈对我说

育儿贴士

不要开灯睡觉

⊙开灯睡眠不利婴儿健康。长期开灯睡觉，在光源的不断刺激下，宝宝会躁动不安、情绪不稳、睡眠不实。此外，长期开灯睡觉，宝宝的眼睛处于疲劳状态，容易损伤视网膜，降低视力。据报道：睡觉时居室内开着小灯，有 30% 的孩子患了近视；在灯火通明的情况下睡觉，孩子近视的发生率则高达 55%。

第 2 月

我的第四周

B

年 月 日

成 长 足 迹

1 体格检查

我的湿疹：□没有了 □好转了 □还是很严重

2 喂养记录

妈妈一直用纯母乳喂我：□是 □否

妈妈给我完全添加了配方奶粉：□是 □否，每次 ______ 毫升，

每日添加 ______ 次，奶粉品牌 __________

我补充了维生素 D：□是 □否

我补充了钙：□是 □否

3 排便记录

我这几天的大便：□便秘 □正常 □总是腹泻

我这几天的小便量：□较多 □正常 □较少

4 睡眠记录

我的睡眠逐渐有规律了：□是 □否

我夜里睡得踏实了：□是 □否

5 洗护记录

只要天气合适，

妈妈就带我晒太阳：□是 □否

即使不出门，

妈妈也会给我开窗通风：□是 □否

妈妈给我洗澡了：□是 □否

妈妈给我剪指甲了：□是 □否

妈妈给我擦拭眼部了：□是 □否

妈妈给我擦洗耳部了：□是 □否

妈妈给我清洗鼻腔了：□是 □否

妈妈给我清洁口腔了：□是 □否

温馨提醒

我已经有户口了：□是 □否

我的第四周

B

年 月 日

成 长 足 迹

6 生长记录

平躺在床上时，我已经能够自由地转头到处看了：□是 □否

我的脖子能竖立约 1 分钟：□是 □否

爸爸扶着我站在桌子上，我的腿就使劲地蹬：□是 □否

妈妈塞到我手里的拨浪鼓，我能紧紧地握住它：□是 □否

我的小手偶尔还能握到一起：□是 □否

妈妈一摇拨浪鼓，我就一直盯着看，
妈妈往哪转，我就看到哪：□是 □否

我特别爱我的妈妈，看到她我就无比开心：□是 □否

妈妈经常听到我发出的喔、哦的声音了：□是 □否

妈妈给我准备了又好看又能发出声音的玩具：□是 □否

爸爸妈妈对我说

体格发育指标

年　　月　　日

发育评估

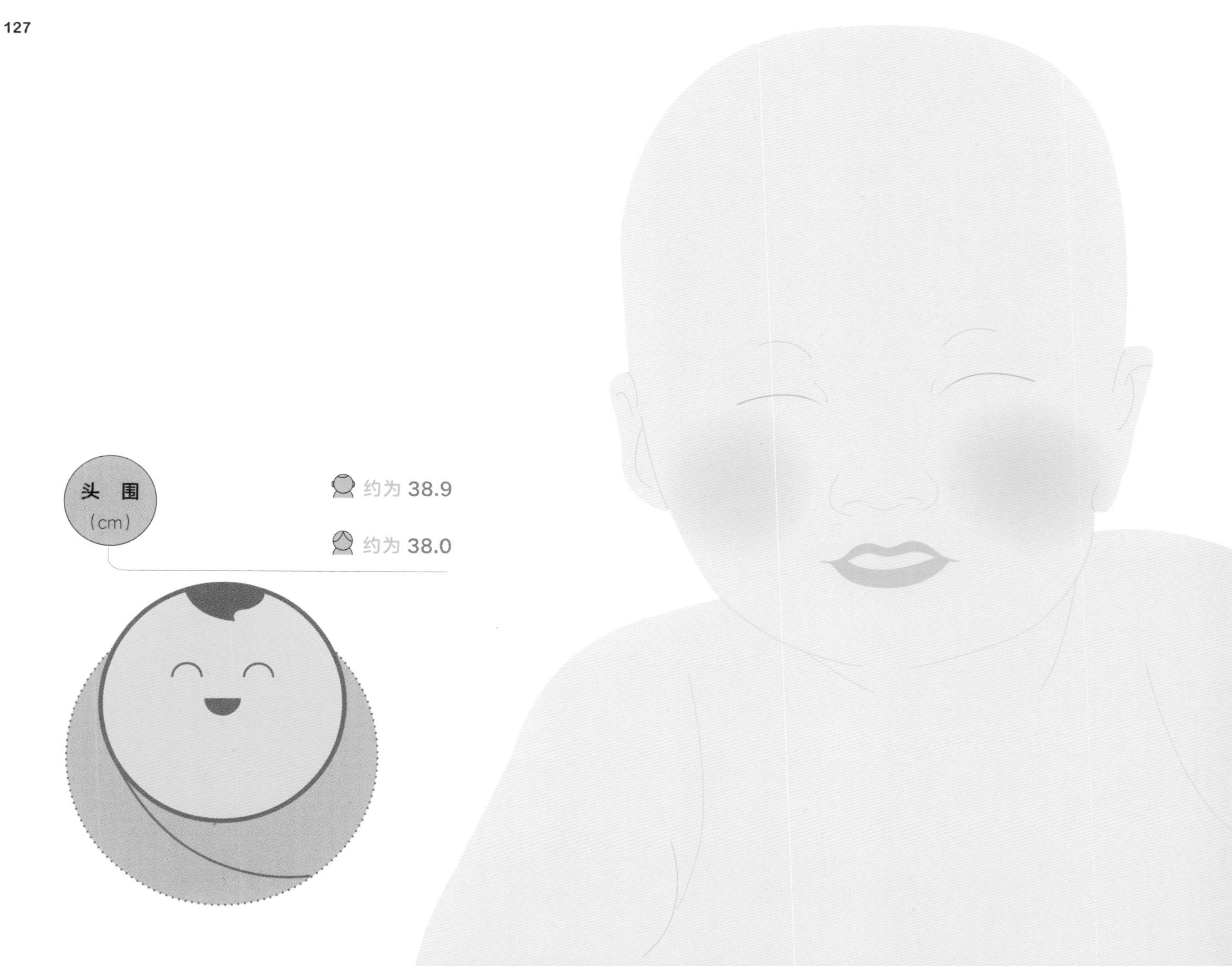
头 围
（cm）
约为 38.9
约为 38.0

第 2 月

心理发展评估

年 月 日

发育评估

大运动

A	B
头竖直几秒钟	双脚有蹬踏力
宝宝仰卧，妈妈拇指置于宝宝掌心，其余四指握住宝宝的腕部轻拉宝宝坐起，观察宝宝的头能否自行竖直约 5 秒	扶宝宝站立在桌子或床上，观察宝宝双脚是否有蹬踏力
能 不能 不确定	能 不能 不确定

较好 一般 需关注

对人的反应

A	B
认母亲	见熟人会笑
观察宝宝看到妈妈时能否有明确反应	当宝宝看到妈妈或熟悉的亲人时，观察宝宝是否会自发地微笑
能 不能 不确定	能 不能 不确定

较好 一般 需关注

对心理发展评估结果的解释：

1. 若每个领域中的两项都为“能”，则说明宝宝在这个领域处于较好的发育状态；
2. 若单个领域中的两项都不为“能”且其中一项为“不能”，则说明宝宝在该领域中的发育情况需要特别关注；
3. 若介于以上两种情况之间，则说明宝宝的发育情况一般；
4. 若有两个或两个以上领域处于需要关注的情况，则希望您到儿童保健机构或相关单位进行咨询。

对物的反应

	A	B
项目	留握物品	视线跟随球上下移动
方法	将泼浪鼓塞在宝宝手中，观察宝宝能否握住一会儿	让宝宝仰卧，红球距宝宝脸 15～20cm，从宝宝头上部到胸上部慢慢移动，观察宝宝的视线能否跟着移动
结果	能 / 不能 / 不确定	能 / 不能 / 不确定

较好　一般　需关注

语　言

	A	B
项目	用哭表达需要	“轮流说话”
方法	当宝宝哭泣时，成人应及时观察宝宝，满足他的需求；当问题得到解决时，观察宝宝能否立即停止哭泣	当宝宝高兴时，妈妈和宝宝说话，观察宝宝能否发音（喔、哦等音）回应
结果	能 / 不能 / 不确定	能 / 不能 / 不确定

较好　一般　需关注

生活素描

3

3个月的宝宝与前2个月相比最显著的变化就是能够俯卧抬头。宝宝俯卧时，可以抬头90度，有的宝宝还可以用肘支撑抬起胸。这一时期，妈妈可以把镜子摆在宝宝面前，若宝宝想去看镜子中的自己，他就会努力撑起身体。这样慢慢地练习，宝宝颈部、上肢和胸部肌肉的力量就会逐渐增强。宝宝下肢的力量也在增强，妈妈扶住宝宝双腋让他竖直“站”在床上，能感觉宝宝的腿部可以支撑一点儿重量。在出生3个月前后，宝宝能自己做90度的翻身，从仰卧位翻到侧卧位，或者由侧卧位翻到俯卧位，这都表明宝宝的肌肉力量在增强。

3个月是宝宝手部精细运动发展的重要时期。这时他的两手能够接触，看到物体时他会舞动双手，抓到的物体经常会送入口中。手也会经常张开，他可将被放在手中的长棒握一会儿，还会用手去扒、碰、触桌子上的东西。他经常花很多时间把手翻过来调过去地看个没完，这是宝宝观察了解自己身体的最初探索活动。

3个月时，宝宝的听力有了明显发展，在听到悦耳的声音后能将头转向声源，可以用这个反应来检查宝宝的听觉能力。这一阶段，宝宝能够辨别声音了，对妈妈的声音最敏感。宝宝的发音也会增多，能清晰地发出一些元音。

这个时期的宝宝，能渐渐体会被抱着的舒服感觉，非常喜欢被大人抱在怀里，或是被抱着摇一摇。妈妈一边唱摇篮曲，一边抱着宝宝摇，宝宝就会很高兴。

第 3 月

我的第一周

A

年 月 日

成长足迹

1 体格检查

本周的我：体重 _____ 千克、身长 _____ 厘米、头围 _____ 厘米

我的湿疹：☐没有了 ☐好转了 ☐还是很严重

2 喂养记录

妈妈一直用纯母乳喂我：☐是 ☐否

妈妈给我完全添加了配方奶粉：☐是 ☐否，每次 _____ 毫升，

每日添加 _____ 次，奶粉品牌 __________

我有点厌奶：☐是 ☐否

我补充了维生素 D：☐是 ☐否

我补充了钙：☐是 ☐否

3 排便记录

我这几天的大便：☐便秘 ☐正常 ☐总是腹泻

我这几天的小便量：☐较多 ☐正常 ☐较少

4 睡眠记录

我的睡眠逐渐有规律了：□是 □否

我夜里睡得踏实了：□是 □否

5 洗护记录

只要天气合适，妈妈就带我晒太阳：□是 □否

即使不出门，妈妈也会给我开窗通风：□是 □否

妈妈给我洗澡了：□是 □否

妈妈给我剪指甲了：□是 □否

温馨提醒

我接种了脊髓灰质炎疫苗

第一剂次：□是 □否

爸爸妈妈对我说

育儿贴士

要经常和宝宝说话

⊙到第 3 个月，宝宝逐渐学会与他人交流，能够模仿并发出哦、哦的声音，能自发地微笑，也易被逗笑。爸爸妈妈应在宝宝愉快时多与宝宝说话，逗引他发音。如在给宝宝喂奶时，可以说“妈妈给宝宝喂奶了，宝宝好好吃哦”“看我的宝宝吃得多香啊”“宝宝吃饱了吗？吃饱了我们休息一会儿吧”等等。在和宝宝说话时，可尝试用不同的语调，如亲切和蔼的、命令式的、激动的等。最重要的是，要经常和宝宝说话，给予宝宝丰富的语言刺激。

第 3 月

我的第一周

B

年 月 日

成 长 足 迹

1 体格检查

我的湿疹：□没有了 □好转了 □还是很严重

2 喂养记录

妈妈一直用纯母乳喂我：□是 □否

妈妈给我完全添加了配方奶粉：□是 □否，每次 ______ 毫升，

每日添加 ______ 次，奶粉品牌 __________

我有点厌奶：□是 □否

我补充了维生素 D：□是 □否

我补充了钙：□是 □否

3 排便记录

我这几天的大便：□便秘 □正常 □总是腹泻

我这几天的小便量：□较多 □正常 □较少

4 睡眠记录

我的睡眠逐渐有规律了：□是 □否

我夜里睡得踏实了：□是 □否

5 洗护记录

只要天气合适，妈妈就带我晒太阳：□是 □否

即使不出门，妈妈也会给我开窗通风：□是 □否

妈妈给我洗澡了：□是 □否

妈妈给我剪指甲了：□是 □否

爸爸妈妈对我说

育儿贴士

生理性厌奶是怎么回事?

⊙在第 3 个月，宝宝可能会厌奶，即食量减少或不愿喝奶。这是因宝宝的肠蠕动过于频繁而产生疲劳所致，宝宝通过厌奶来自行调节食物需求量。再加上这个时期的宝宝脑部发育逐渐成熟，好奇心增强，吃奶时会因为受到外界干扰而分心。当宝宝出现厌奶的情况时，妈妈千万不要强迫他。只要宝宝的身体无碍、情绪好，就不用担心。强迫喂食不仅会使宝宝没有饥饿感，还可能使宝宝更加讨厌喝奶。如果担心宝宝营养摄入不够，可以加喂半流质的蔬菜汤，以补充宝宝成长发育所需要的营养物质。另外，一定要记得给予宝宝更多的爱和温暖。

⊙请相信宝宝的能力，他知道自己需要吃多少。常言道：要想小儿安，三分饥和寒。

我的第二周

A

年　　月　　日

成长足迹

1 体格检查

我的湿疹：□没有了 □好转了 □还是很严重

2 喂养记录

妈妈一直用纯母乳喂我：□是 □否

妈妈给我完全添加了配方奶粉：□是 □否，每次 ______ 毫升，

每日添加 ______ 次，奶粉品牌 ____________

我有点厌奶：□是 □否

我补充了维生素 D：□是 □否

我补充了钙：□是 □否

3 排便记录

我这几天的大便：□便秘 □正常 □总是腹泻

我这几天的小便量：□较多 □正常 □较少

4 睡眠记录

我的睡眠逐渐有规律了：□是 □否

我夜里睡得踏实了：□是 □否

5 洗护记录

只要天气合适，妈妈就带我晒太阳：□是 □否

即使不出门，妈妈也会给我开窗通风：□是 □否

妈妈给我洗澡了：□是 □否

妈妈给我剪指甲了：□是 □否

爸爸妈妈对我说

育儿贴士

何时开始给宝宝把尿？

⊙到底什么时候开始给宝宝把尿好？这是很多年轻爸爸妈妈的困惑。其实，宝宝独立进行大小便是一种相当复杂的行为。宝宝需要感到来自肠道或膀胱的刺激，并能告诉括约肌"要控制住"，然后再排泄。因此，等宝宝在生理和心理上准备好后再开始训练也不晚。但爸爸妈妈可以尝试摸索自家宝宝的尿便规律。如有的宝宝一般吃奶后半小时左右会尿一次；有的宝宝小便前会打个激灵；有的宝宝正玩得高兴，突然安静下来，一动不动，而且眼光会变直，可能是要大便。如果您找到了宝宝的尿便规律，就可以提前做些接便的准备，省去一些不必要的麻烦。

第 3 月

我的第二周

B

年　　月　　日

成 长 足 迹

1 体格检查

我的湿疹：□没有了 □好转了 □还是很严重

2 喂养记录

妈妈一直用纯母乳喂我：□是 □否

妈妈给我完全添加了配方奶粉：□是 □否，每次 _____ 毫升，

每日添加 _____ 次，奶粉品牌 __________

我有点厌奶：□是 □否

我补充了维生素 D：□是 □否

我补充了钙：□是 □否

3 排便记录

我这几天的大便：□便秘 □正常 □总是腹泻

我这几天的小便量：□较多 □正常 □较少

4 睡眠记录

我的睡眠逐渐有规律了：□是 □否

我夜里睡得踏实了：□是 □否

5 洗护记录

只要天气合适，妈妈就带我晒太阳：□是 □否

即使不出门，妈妈也会给我开窗通风：□是 □否

妈妈给我洗澡了：□是 □否

妈妈给我剪指甲了：□是 □否

爸爸妈妈对我说

育儿贴士

怎样训练宝宝翻身？

⊙翻身是动作能力发展中里程碑式的重要事件。3个月的宝宝可以学翻身了，已经出现了要翻身的倾向，但大多数宝宝还不能主动完成翻身动作，需要借助爸爸妈妈的力量才能完成翻身动作，即“被动翻身”。爸爸妈妈可以稍稍推一下宝宝的臀部，或帮宝宝把左腿搭放在右腿上，握住宝宝的左手手腕轻轻地拉一下，然后用手指轻轻刺激宝宝的背部，这样就能使宝宝翻身至侧卧位，再进一步翻至俯卧位。同理，爸爸妈妈还可以带宝宝练习翻向另外一侧。

第 3 月

我的第三周

A

年 月 日

成 长 足 迹

1 体格检查

我的湿疹：□没有了 □好转了 □还是很严重

2 喂养记录

妈妈一直用纯母乳喂我：□是 □否

妈妈给我完全添加了配方奶粉：□是 □否，每次 ______ 毫升，

每日添加 ______ 次，奶粉品牌 __________

我有点厌奶：□是 □否

我补充了维生素 D：□是 □否

我补充了钙：□是 □否

3 排便记录

我这几天的大便：□便秘 □正常 □总是腹泻

我这几天的小便量：□较多 □正常 □较少

4 睡眠记录

我的睡眠逐渐有规律了：□是 □否

我夜里睡得踏实了：□是 □否

5 洗护记录

只要天气合适，妈妈就带我晒太阳：□是 □否

即使不出门，妈妈也会给我开窗通风：□是 □否

妈妈给我洗澡了：□是 □否

妈妈给我剪指甲了：□是 □否

爸爸妈妈对我说

育儿贴士

多对宝宝微笑

⊙3 个月左右的宝宝能够频繁地对周围的人展露微笑。这种微笑叫作“社会性微笑”，是情绪分化的第一步，也是宝宝心理健康和亲子互动良好的主要标志。妈妈应当重视起来，尽可能地多逗宝宝微笑。

⊙由于个体之间存在差异，如果您的宝宝不是经常做出欣喜的表情，您也无须紧张。总体来说，这一时期宝宝会变得兴奋起来，只要您的宝宝较之前显得更为活跃就无须担心。

⊙妈妈要经常对着宝宝微笑，与宝宝多交流和宝宝说一些开心的事情，给宝宝提供可以感受愉快的环境。

第 3 月

我的第三周

B

年　月　日

成长足迹

1 体格检查

我的湿疹：□没有了 □好转了 □还是很严重

2 喂养记录

妈妈一直用纯母乳喂我：□是 □否

妈妈给我完全添加了配方奶粉：□是 □否，每次 ______ 毫升，

每日添加 ______ 次，奶粉品牌 ___________

我有点厌奶：□是 □否

我补充了维生素 D：□是 □否

我补充了钙：□是 □否

3 排便记录

我这几天的大便：□便秘 □正常 □总是腹泻

我这几天的小便量：□较多 □正常 □较少

4 睡眠记录

我的睡眠逐渐有规律了：□是 □否

我夜里睡得踏实了：□是 □否

5 洗护记录

只要天气合适，妈妈就带我晒太阳：□是 □否

即使不出门，妈妈也会给我开窗通风：□是 □否

妈妈给我洗澡了：□是 □否

妈妈给我剪指甲了：□是 □否

爸爸妈妈对我说

育儿贴士

不必担心抱会惯坏孩子

⊙啼哭是宝宝与外界沟通的主要方式，啼哭表示他在交流、在述说。面对宝宝啼哭不必大惊小怪，不要他一哭就哄，也不要不理不睬，认为宝宝哭够了，自己就会停止。宝宝哭的时间最好控制在1分钟左右，不能过长。

⊙有人不主张抱孩子，怕惯坏了。其实对宝宝来说，尤其是3个月内的小婴儿，如果他啼哭是想让你抱，就应该把他抱起来。这是妈妈与宝宝自然的接触和情感交流，对宝宝来说是非常重要的心灵营养液。妈妈没有必要抑制自己想抱宝宝的心情。即使不抱，也应该走到宝宝的身边，温柔地看着他，以传达爱意。

⊙爸爸妈妈的搂抱，可以使宝宝更好地获得安全感。

第 3 月

我的第四周

A

年　　月　　日

成　长　足　迹

1 体格检查

我的湿疹：□没有了　□好转了　□还是很严重

2 喂养记录

妈妈一直用纯母乳喂我：□是　□否

妈妈给我完全添加了配方奶粉：□是　□否，每次 _____ 毫升，

每日添加 _____ 次，奶粉品牌 __________

我有点厌奶：□是　□否

我补充了维生素 D：□是　□否

我补充了钙：□是　□否

3 排便记录

我这几天的大便：□便秘　□正常　□总是腹泻

我这几天的小便量：□较多　□正常　□较少

4 睡眠记录

我的睡眠逐渐有规律了：□是 □否

我夜里睡得踏实了：□是 □否

5 洗护记录

只要天气合适，妈妈就带我晒太阳：□是 □否

即使不出门，妈妈也会给我开窗通风：□是 □否

妈妈给我洗澡了：□是 □否

妈妈给我剪指甲了：□是 □否

爸爸妈妈对我说

育儿贴士

锻炼宝宝的手眼协调能力

⊙3 个月的宝宝，对移动中的物体更感兴趣。爸爸妈妈从这时候开始要有意识地为宝宝提供更多的手眼协调锻炼机会，可以让物品在宝宝能够触碰到的范围内移动，吸引宝宝追视、去抓碰；还可以在宝宝的小床或婴儿车上挂色彩鲜艳的各种玩具，让宝宝用手拨弄使其晃动或发出声音。手眼协调能力的发展对于宝宝未来的生活与学习意义重大。

第 3 月

我的第四周

B

年　　月　　日

成　长　足　迹

1 体格检查

我的体重 _____ 千克、身长 _____ 厘米、头围 _____ 厘米

我的湿疹：□没有了 □好转了 □还是很严重

2 喂养记录

妈妈一直用纯母乳喂我：□是 □否

妈妈给我完全添加了配方奶粉：□是 □否，每次 _____ 毫升，

每日添加 _____ 次，奶粉品牌 __________

我有点厌奶：□是 □否

我补充了维生素 D：□是 □否

我补充了钙：□是 □否

3 排便记录

我这几天的大便：□便秘 □正常 □总是腹泻

我这几天的小便量：□较多 □正常 □较少

4 睡眠记录

我的睡眠逐渐有规律了：□是 □否

我夜里睡得踏实了：□是 □否

5 洗护记录

只要天气合适，妈妈就带我晒太阳：□是 □否

即使不出门，妈妈也会给我开窗通风：□是 □否

妈妈给我洗澡了：□是 □否

妈妈给我剪指甲了：□是 □否

妈妈给我准备了手推车：□是 □否

妈妈用背带把我背在身上了：□是 □否

温馨提醒

开立社保账号：□是 □否

第 3 月

我的第四周

B

年　月　日

成长足迹

6 生长记录

趴在床上时，我的头能抬起 90 度：□是　□否

我经常在平躺时侧过身来：□是　□否

躺在床上，妈妈拉起我的手时，我的头能主动向上抬：□是　□否

妈妈扶着我坐起来，我能坐得稳稳的：□是　□否

我的两只小手可以经常握到一起：□是　□否

不管什么东西放到我手里，我都先放嘴里尝一尝：□是　□否

我经常会撕扯自己的衣服：□是　□否

爸爸妈妈一逗我，我就会咯咯地笑：□是　□否

只要播放好听的音乐，我就会认真地倾听：□是　□否

我能发出好多声音了，如喔、呃、咦：□是　□否

我的眼睛、头同时跟着小红球转 180 度：□是　□否

看到积木，我会想要去抓：□是　□否

我想吃奶时，会特别期待地看着妈妈：□是　□否

爸爸妈妈对我说

第 3 月

体格发育指标

年 月 日

发育评估

身长（cm）

男孩		女孩
66.6	▲	62.8
62.0	●	60.6
57.5	▼	56.3

体重（kg）

男孩		女孩
8.40	▲	7.73
6.70	●	6.13
5.29	▼	4.90

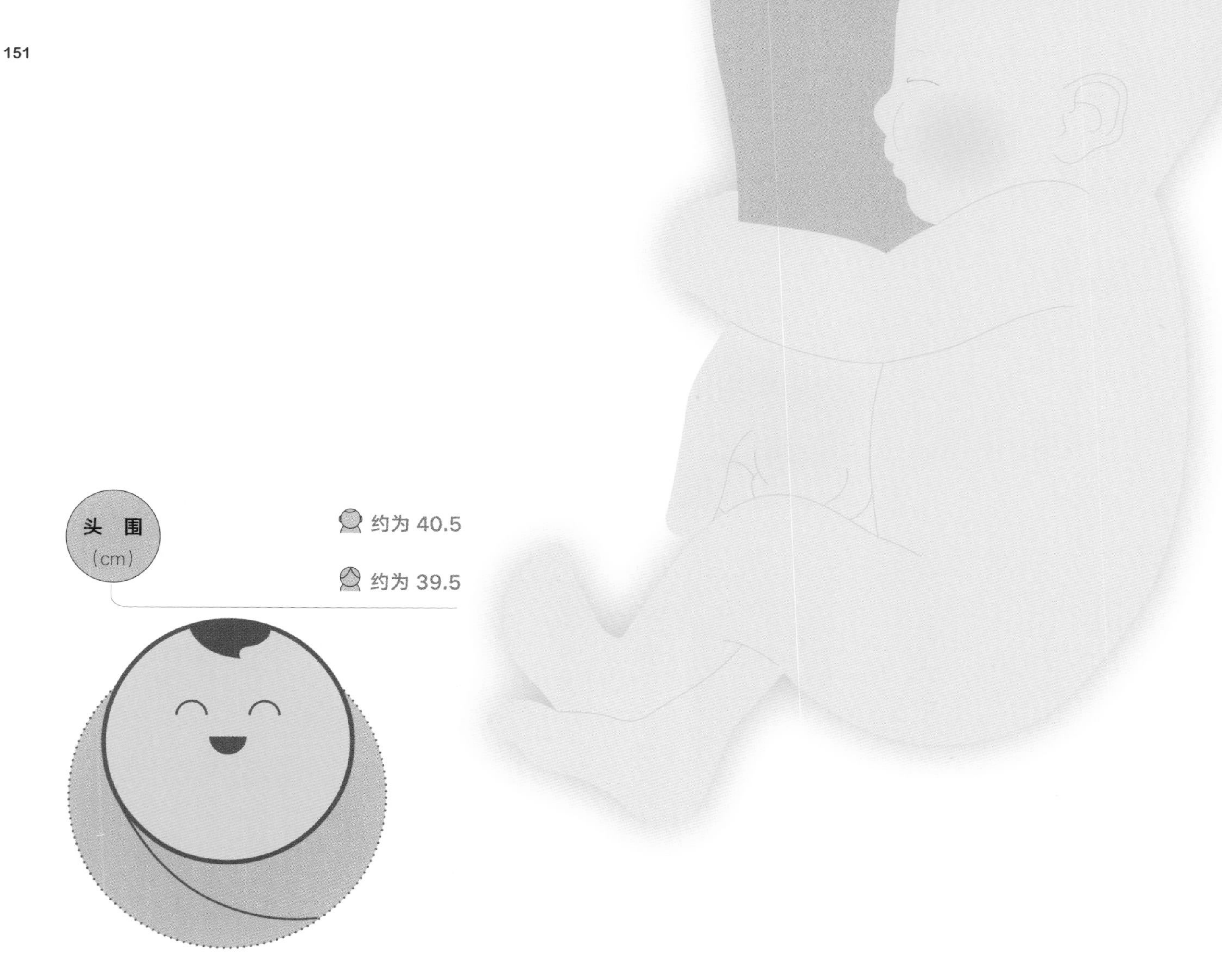
头 围
(cm)
约为 40.5
约为 39.5

第 3 月

心理发展评估

年 月 日

发育评估

大运动

A			B		
仰卧时拉腕可抬头			翻身		
宝宝仰卧，妈妈拉宝宝双腕时，观察宝宝头部能否主动抬起			宝宝仰卧或俯卧，用玩具逗引，观察宝宝能否自己从一侧向另一侧翻身		
能	不能	不确定	能	不能	不确定

较好　一般　需关注

对人的反应

A			B		
双手手指相碰			用目光期待着喂奶		
宝宝在玩手时，观察宝宝的双手手指能否相互碰到			妈妈准备给宝宝喂奶时，观察宝宝能否看着妈妈		
能	不能	不确定	能	不能	不确定

较好　一般　需关注

对心理发展评估结果的解释：

1. 若每个领域中的两项都为“能”，则说明宝宝在这个领域处于较好的发育状态；
2. 若单个领域中的两项都不为“能”且其中一项为“不能”，则说明宝宝在该领域中的发育情况需要特别关注；
3. 若介于以上两种情况之间，则说明宝宝的发育情况一般；
4. 若有两个或两个以上领域处于需要关注的情况，则希望您到儿童保健机构或相关单位进行咨询。

对物的反应

A	B
有主动抓握的动作	持久的注意，双臂活动
把拨浪鼓放在宝宝手上，观察宝宝能否将拨浪鼓举起	将几块方木和杯子，放在宝宝够得到的地方，观察宝宝能否注意看，或者有想去抓的意愿
能 不能 不确定	能 不能 不确定

较好 一般 需关注

语言

A	B
会咯咯地笑	倾听音乐
在身体不接触的情况下，逗引宝宝，观察宝宝能否咯咯地笑	播放音乐给宝宝听，观察宝宝有无反应
能 不能 不确定	能 不能 不确定

较好 一般 需关注

4 个月的宝宝，逐渐能从仰卧位翻到侧卧位或俯卧位，俯卧时能用前臂支撑抬头挺胸，被竖直抱时，头能保持平衡；被扶着两手或髋骨时能坐。这个时期让宝宝做翻滚训练可以增进他全身肌肉的运动，对他的四肢协调也大有好处。

到第 4 个月，宝宝的手部运动能力有了进一步的发展。宝宝开始抓握时，是用小拇指外侧握东西，然后逐渐过渡到大拇指的外侧，最后再发展到用全手握。

将小的、易握的玩具放到宝宝手里，他能够握住，但握的时间不是太长。这一时期的宝宝，不仅能够抓住静止的物体，还能抓住运动的物体。这些都表明宝宝的手眼协调能力进一步增强了。

这时还可以让宝宝多摸一些不同质地的物品，如木头玩具、布料、毛绒玩具、塑料小车、橡胶玩具、刷子等，给宝宝不同的触觉刺激，以促进其触觉的发展。多刺激宝宝的手指，宝宝就会更加聪明。

4 个月的宝宝开始了咿呀学语，在已发元音的基础上，会发出 b、p、d、n、g 等辅音，元音与辅音的结合，形成了咿呀语，如“ba–ba”“na–na”“ma–ma”等。宝宝偶然发出的“ma–ma”，好像是在叫妈妈，这就是无意识地叫妈妈。爸爸妈妈要常和宝宝说话，并对宝宝的发音做出回应。

第 4 月

我的第一周

年　　月　　日

成长足迹

1 体格检查

本周的我：体重 _____ 千克、身长 _____ 厘米、头围 _____ 厘米

我的湿疹：□没有了 □好转了 □还是很严重

我可能要出牙了：□食欲不振 □口水增多 □吃手 □咬东西

□咬奶头或奶嘴 □轻微发烧 □大小便增多 □拉扯耳朵

2 喂养记录

妈妈一直用纯母乳喂我：□是 □否

妈妈给我完全添加了配方奶粉：□是 □否，每次 _____ 毫升，

每日添加 _____ 次，奶粉品牌 __________

我补充了维生素 D：□是 □否

我补充了钙：□是 □否

3 排便记录

我这周的大便：□便秘 □正常 □总是腹泻

4 睡眠记录

我的睡眠逐渐有规律了：□是 □否

我夜里睡得踏实了：□是 □否

5 洗护记录

妈妈给我剪指甲了：□是 □否

妈妈给我洗澡了：□是 □否

妈妈给我清洁口腔了：□是 □否

妈妈带我出门了：□是 □否，晒了 _____ 小时的太阳

温馨提醒

我接种了脊髓灰质炎疫苗第二剂次：□是 □否

我接种了百白破疫苗第一剂次：□是 □否

育儿贴士

1. 双向沟通是情绪发展的里程碑之一

⊙宝宝伸手要爸爸抱，爸爸也会伸出手。宝宝对妈妈微笑，妈妈也会笑着回应。宝宝的任何一个表情或动作，会引起照顾者的注意并得到回应，这就是双向沟通的开始。有了基础的情绪体验，等到宝宝大一点儿和他人拥抱时，他会知道这个动作充满了爱意。他推了别的孩子一下，这个孩子哭了，他明白自己的行为让别人难过了。这就是双向沟通的基本经验。若没有这些经验，宝宝就无法形成关于个人意图的基本概念。宝宝通过这种互动来认识自己，认识外部世界。双向沟通是情绪发展的里程碑之一。

2. 如何给宝宝读绘本？

⊙宝宝的绘本，一定要选择图大、情节简单、色彩鲜明的，字越少越好。给孩子讲绘本的时候，表情、语气、语调都要符合故事情节。每个字都要读准，且不能随意增减字。要反复讲，反复读。因为宝宝不能一次将所有内容都记住，只要他喜欢，妈妈就可以经常讲，直到宝宝已经很熟悉，就可以换新的绘本了。当然，并不是一定要这样，有时候可以几本换着讲，过一段时间再换另一些绘本。

第 4 月

我的第二周

年 月 日

成 长 足 迹

1 体格检查

我的湿疹：□没有了 □好转了 □还是很严重

我可能要出牙了：□食欲不振 □口水增多 □吃手 □咬东西

□咬奶头或奶嘴 □轻微发烧 □大小便增多 □拉扯耳朵

2 喂养记录

妈妈一直用纯母乳喂我：□是 □否

妈妈给我完全添加了配方奶粉：□是 □否，每次 _____ 毫升，

每日添加 _____ 次，奶粉品牌 __________

我补充了维生素 D：□是 □否

我补充了钙：□是 □否

3 排便记录

我这周的大便：□便秘 □正常 □总是腹泻

4 睡眠记录

我的睡眠逐渐有规律了：□是 □否

我夜里睡得踏实了：□是 □否

5 洗护记录

妈妈给我剪指甲了：□是 □否

妈妈给我洗澡了：□是 □否

妈妈给我清洁口腔了：□是 □否

妈妈带我出门了：□是 □否，晒了 _____ 小时的太阳

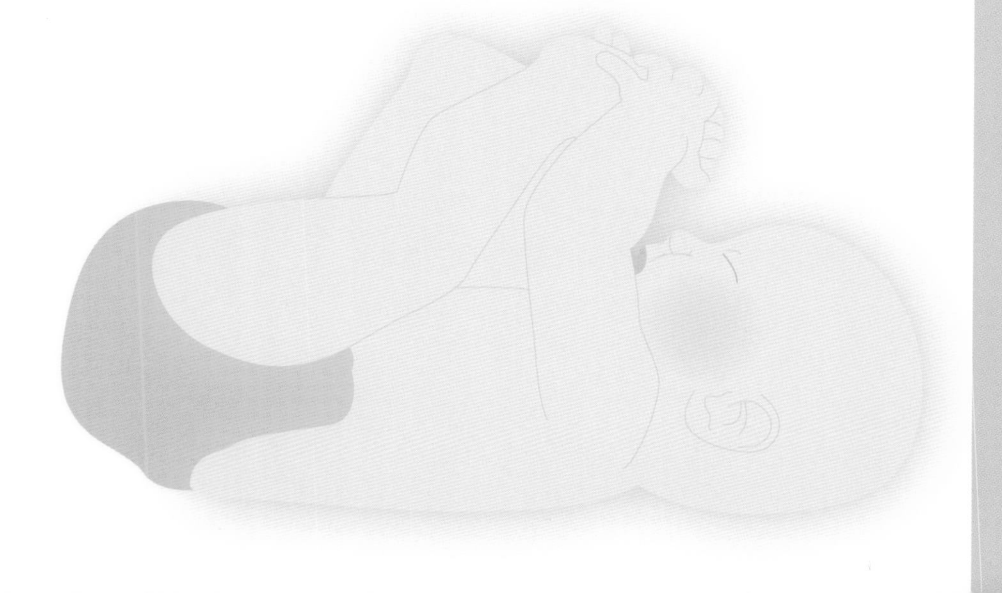

育儿贴士

宝宝吮吸手指正常吗?

⊙出生后的第一年为“口欲期”，是人格发展的第一个基础阶段。此时，宝宝需要安全感，吸吮的需求很强烈，尤其在就寝时间更为明显。大多数宝宝在 3 个月以后都会出现吮吸自己手指的情况。有的宝宝会吮吸大拇指，有的宝宝会用食指抠抠嘴再嘬两口过过瘾，有的宝宝干脆用手指去抠嗓子眼儿，或者恨不得把整个手都塞进口中。

⊙遇到这种情况，不要一下把宝宝的手强行移开，这样会强化他的这种行为。当发现宝宝吃手指时，爸爸妈妈可以轻松地用宝宝喜欢的玩具转移他的注意力。其实，宝宝吮吸手指是大脑发育的信号，标志着他建立了手口联系，手口更加协调。这是这一阶段宝宝认识世界的一种独特方式，是正常现象。通常 1 岁以后，宝宝就会把吮吸手指转化为手的其他运动。

第 4 月

我的第三周

年 月 日

成 长 足 迹

1 体格检查

我的湿疹：□没有了 □好转了 □还是很严重

我可能要出牙了：□食欲不振 □口水增多 □吃手 □咬东西

□咬奶头或奶嘴 □轻微发烧 □大小便增多 □拉扯耳朵

2 喂养记录

妈妈一直用纯母乳喂我：□是 □否

妈妈给我完全添加了配方奶粉：□是 □否，每次 _____ 毫升，

每日添加 _____ 次，奶粉品牌 __________

我补充了维生素 D：□是 □否

我补充了钙：□是 □否

3 排便记录

我这周的大便：□便秘 □正常 □总是腹泻

4 睡眠记录

我的睡眠逐渐有规律了：□是 □否

我夜里睡得踏实了：□是 □否

5 洗护记录

妈妈给我剪指甲了：□是 □否

妈妈给我洗澡了：□是 □否

妈妈给我清洁口腔了：□是 □否

妈妈带我出门了：□是 □否，晒了 _____ 小时的太阳

育儿贴士

1. 为宝宝提供蹦跳的机会

⊙有的宝宝会在 4 个月的时候开始喜欢屈腿蹦跳，当妈妈扶住宝宝腋下，让宝宝站在妈妈的腿上时，宝宝会屈腿做蹦跳动作。其实这是一种反射性行为，是宝宝为了学习站立和行走所进行的自主性准备活动。这时要充分利用宝宝的蹦跳本能，为他提供蹦跳的机会，让他多跳。家长尤其是爸爸可以将宝宝竖抱着，让宝宝的小脚丫踩在自己的手上或腿上，多用外力刺激宝宝屈腿蹦跳。

2. 什么都放到嘴里怎么办？

⊙4 个月的宝宝对周围的事物开始产生兴趣，随着宝宝抓握物品能力的提高，便会出现经常将抓在手里的物品放到嘴里啃或用舌头舔的现象。这是宝宝用嘴和舌在进行探索呢，因此妈妈不必紧张地将物品从宝宝的口中取走，只需要提前将递给宝宝的物品清洗干净，保证卫生即可。宝宝的这种行为能促进感知觉的发展，妈妈切不可因为怕脏而使宝宝失去探索的机会。

第 4 月

我的第四周

年 月 日

成长足迹

1 体格检查

我的湿疹：□没有了 □好转了 □还是很严重

我可能要出牙了：□食欲不振 □口水增多 □吃手 □咬东西

□咬奶头或奶嘴 □轻微发烧 □大小便增多 □拉扯耳朵

2 喂养记录

妈妈一直用纯母乳喂我：□是 □否

妈妈给我完全添加了配方奶粉：□是 □否，每次 _____ 毫升，

每日添加 _____ 次，奶粉品牌 __________

我补充了维生素 D：□是 □否

我补充了钙：□是 □否

3 排便记录

我这周的大便：□便秘 □正常 □总是腹泻

4 睡眠记录

我的睡眠逐渐有规律了：□是 □否

我夜里睡得踏实了：□是 □否

5 洗护记录

妈妈给我剪指甲了：□是 □否

妈妈给我洗澡了：□是 □否

妈妈给我清洁口腔了：□是 □否

妈妈带我出门了：□是 □否，晒了 _____ 小时的太阳

爸爸妈妈对我说

6 生长记录

我在床上趴着时，能用手支撑抬头挺胸：
□是 □否

妈妈把我竖直抱起来时，我的小脑袋稳稳当当的了：
□是 □否

我可以翻身了：□是 □否

我很喜欢抓面前摇摇晃晃的各种玩具，并且还能抓住了：□是 □否

拿在我手里的东西，我会盯着看很久，琢磨一下这是什么呢，然后放到嘴里尝一尝：□是 □否

妈妈在我背后摇有声音的玩具，我能转过头去寻找：□是 □否

妈妈叫我，我能发出声音回应她：□是 □否

妈妈说，她听到我发出“ba-ba”“ma-ma”“da-da”“na-na”的声音了：□是 □否

我可喜欢拍奶瓶了：□是 □否

镜子里还有一个我，我喜欢看镜子里的我：
□是 □否

体格发育指标

年　　月　　日

发育评估

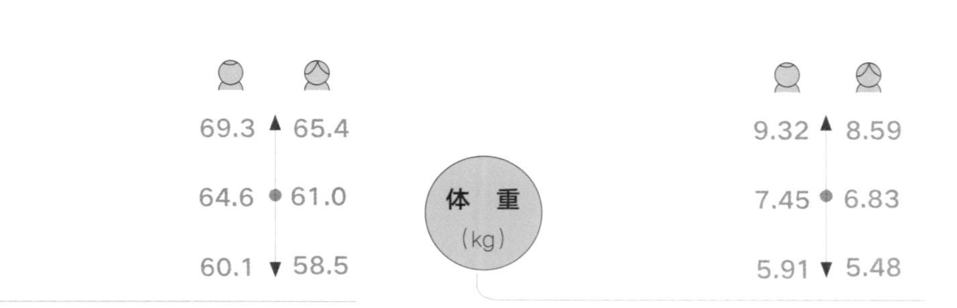

	男	女
身长（cm） ▲	69.3	65.4
身长（cm） ●	64.6	61.0
身长（cm） ▼	60.1	58.5
体重（kg） ▲	9.32	8.59
体重（kg） ●	7.45	6.83
体重（kg） ▼	5.91	5.48

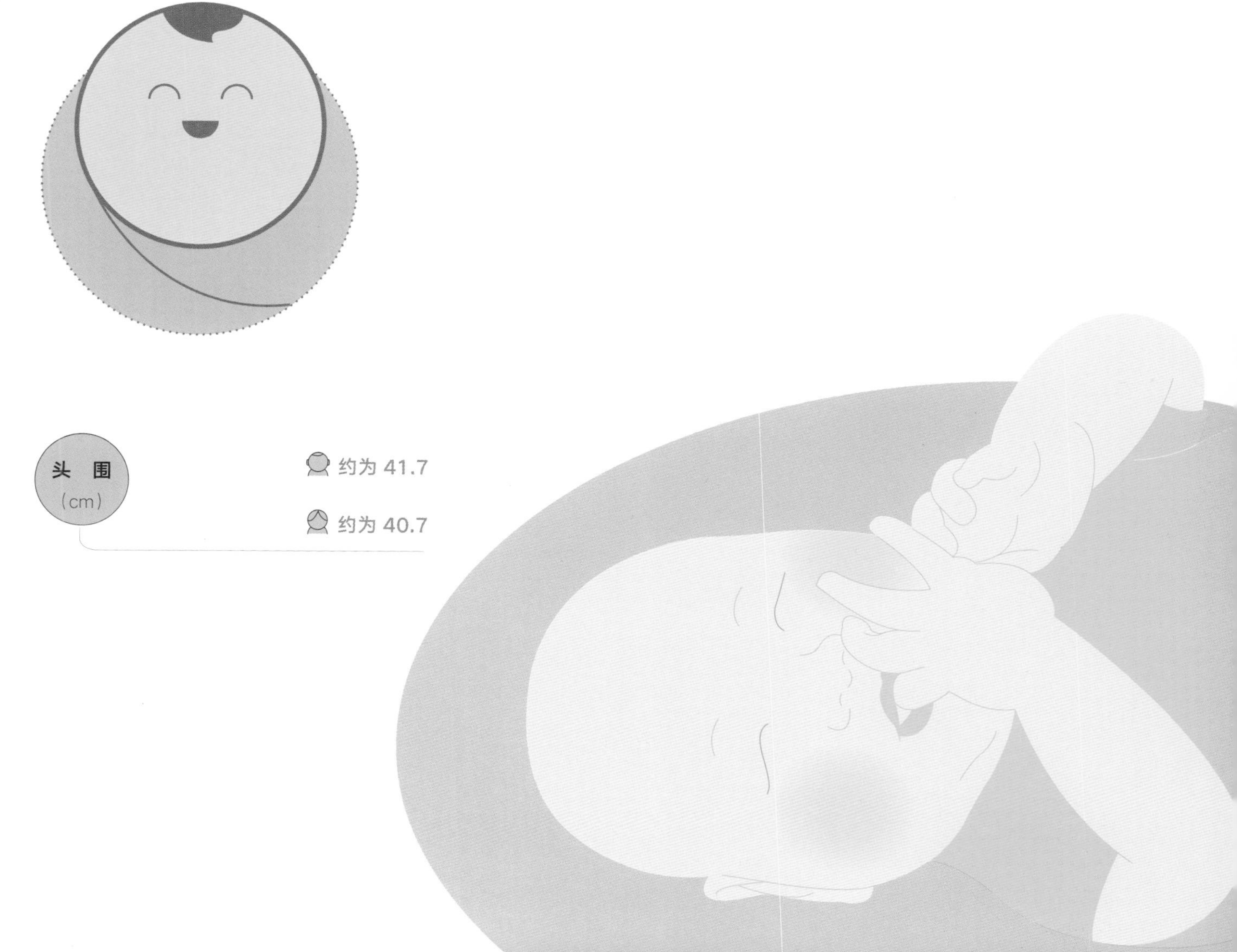

头围（cm）

- 约为 41.7
- 约为 40.7

第 4 月

心理发展评估

年　　月　　日

发育评估

大运动

	A	B
项目	俯卧时可抬头挺胸	持续竖头可直
方法	让宝宝俯卧，用玩具逗引宝宝，观察宝宝能否自己抬头挺胸	围坐或靠坐时，观察宝宝头部能否持续竖直一段时间
结果	能　不能　不确定	能　不能　不确定

较好　一般　需关注

对人的反应

	A	B
项目	双手轻拍奶瓶	对着镜子微笑或发音
方法	喂奶时，观察宝宝双手能否轻轻拍奶瓶	抱宝宝照镜子，观察宝宝能否因看到镜中宝宝而微笑或者发音
结果	能　不能　不确定	能　不能　不确定

较好　一般　需关注

对心理发展评估结果的解释：

1. 若每个领域中的两项都为“能”，则说明宝宝在这个领域处于较好的发育状态；
2. 若单个领域中的两项都不为“能”且其中一项为“不能”，则说明宝宝在该领域中的发育情况需要特别关注；
3. 若介于以上两种情况之间，则说明宝宝的发育情况一般；
4. 若有两个或两个以上领域处于需要关注的情况，则希望您到儿童保健机构或相关单位进行咨询。

对物的反应

	A			B		
项目	看用绳牵着的物品			注视手中物品，放到嘴里		
方法	宝宝坐姿，用绳拴住玩具，在宝宝面前拖动，观察宝宝是否注视			将拨浪鼓柄放在宝宝手中，观察宝宝能否注视手中的拨浪鼓并放到嘴中		
结果	能	不能	不确定	能	不能	不确定
评估	较好	一般			需关注	

语　言

	A			B		
项目	转头找声源			听声音		
方法	在宝宝背后晃动带响的玩具，观察宝宝能否转头寻找			播放音乐，观察宝宝能否倾听		
结果	能	不能	不确定	能	不能	不确定
评估	较好	一般			需关注	

生活素描

5

5 个月的宝宝可以比较熟练地从仰卧位翻到侧卧位，再翻到俯卧位。他能在有扶手的沙发上或小椅子上靠坐一会儿，只要背部有一点儿支撑，他即可独坐片刻。

5 个月的宝宝手部动作逐渐增多，摇晃、敲击、摸索的动作较多，探索意识增强。他可以准确地伸手抓握物体；学会了用两只手扶住奶瓶，并自己将奶嘴送入口中；会拿着饼干放入嘴中吃。双手与本体感觉相结合的能力进一步增强。

5 个月的宝宝视线会随着活动的物体移动，眼手动作开始协调。他的听觉更加灵敏，会循声寻找玩具。当玩具不小心掉到地上时，宝宝就会用眼睛去寻找。移动小铃铛等发声玩具时，宝宝的目光也会追随着发声的玩具移动。

这时的宝宝能发出比以前更为复杂的声音，如愉快时发出咕噜咕噜的声音，不高兴时会大声喊叫。有的宝宝还学会了发出咳嗽的声音。此月龄的宝宝对自己的名字已有反应，有人叫他的名字时能回头。

宝宝还能根据自己的需要表达各种情绪，喜、怒、哀、乐皆形于色。

这个阶段由于从母体转移到宝宝肝脏的铁基本耗尽，妈妈需要注意及时给宝宝补充含铁的食物。

第五个月

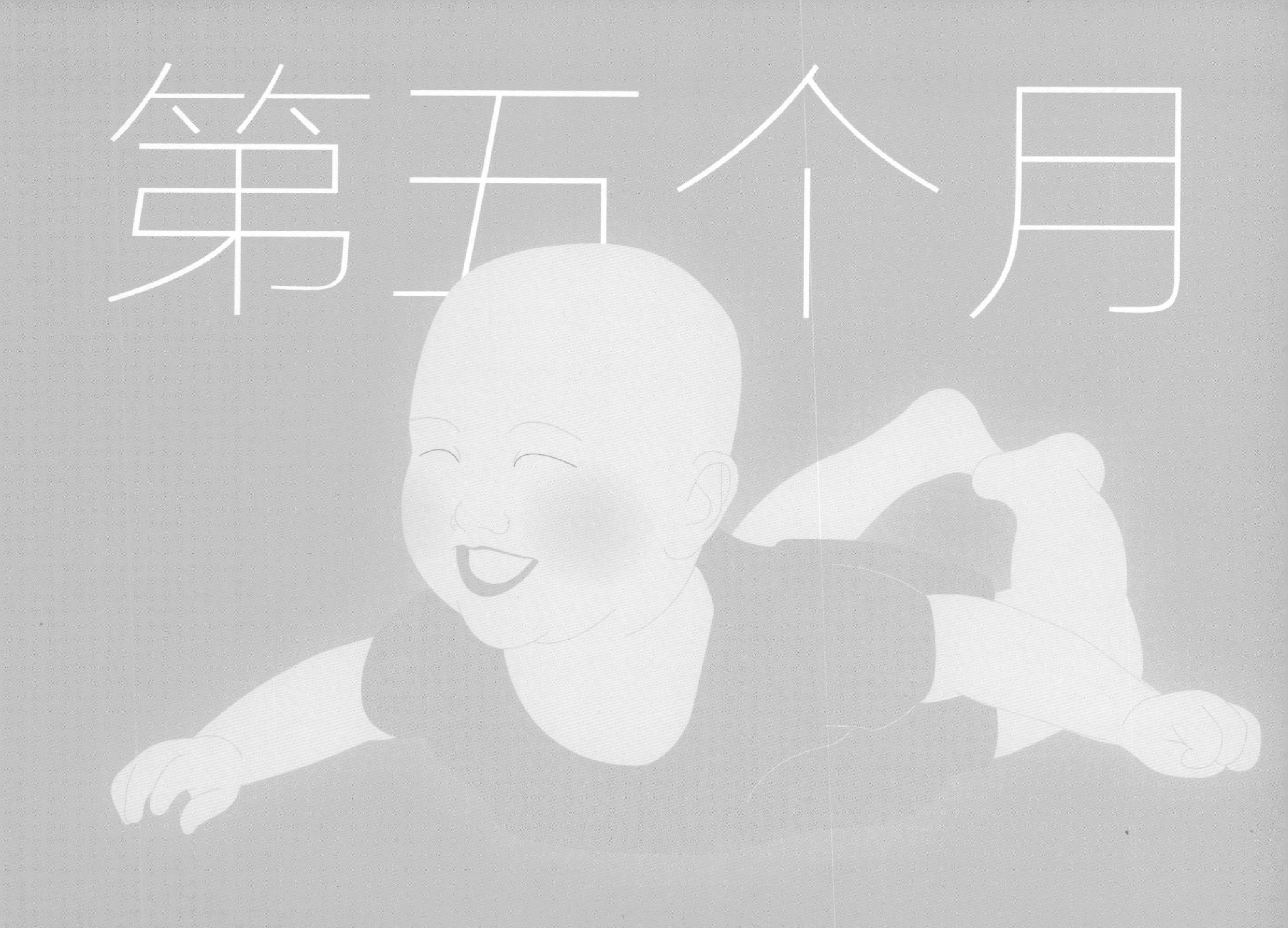

第 5 月

我的第一周

年　　月　　日

成长足迹

1 体格检查

我的体重 _____ 千克、身长 _____ 厘米、头围 _____ 厘米

我的湿疹：□没有了 □好转了 □还是很严重

我出牙了：□是 □否

2 喂养记录

妈妈一直用纯母乳喂我：□是 □否

妈妈开始让我尝试用奶瓶了：□是 □否

妈妈给我完全添加了配方奶粉：□是 □否，每次 _____ 毫升，

每日添加 _____ 次，奶粉品牌 __________

我补充了维生素 D：□是 □否

我补充了钙：□是 □否

我补充了铁：□是 □否

3 排便记录

我这周的大便：□便秘 □正常 □总是腹泻

4 睡眠记录

我的睡眠逐渐有规律了：□是 □否

我夜里睡得踏实了：□是 □否

5 洗护记录

妈妈给我剪指甲了：□是 □否

妈妈给我洗澡了：□是 □否

妈妈给我清洁口腔了：□是 □否

妈妈带我出门了：□是 □否，晒了 _____ 小时的太阳

温馨提醒

我接种了脊髓灰质炎疫苗第三剂次：□是 □否

我接种了百白破疫苗第二剂次：□是 □否

育儿贴士

1. 应对便秘有哪些办法？

⊙有些宝宝在断母乳喝奶粉后常有便秘或排便困难的情况发生。但由于宝宝的肛门括约肌已经有一定的控制力，经过几次痛苦的排便困难后，他便会憋住大便以减轻痛苦，这样往往形成恶性循环。因此，可采用如下办法。

①让宝宝多喝水，吃些胡萝卜泥、香蕉泥或喝 5 ~ 10 毫升香油；

②隔着衣服，顺时针按摩腹部，每日 3 次，每次几分钟；

③先用温热的湿毛巾敷肛门，再用干净的手指轻轻按摩肛门附近；

④使用开塞露，但需遵医嘱。

2. 不要干扰宝宝睡眠

⊙这个阶段的宝宝胃容量增大，如果母乳充足，夜晚宝宝很可能一觉睡六七个小时。有的妈妈担心：宝宝白天每隔三四个小时吃一次，晚上会不会饿？这是您过虑了。千万不要因为担心饿坏而叫醒睡得正香的宝宝。因为睡觉时宝宝的身体处于安静状态，消耗的能量少，所以吃奶的频率也就降低了。对于小宝宝而言，睡眠是头等大事，不可被干扰。

我的第二周

年　　月　　日

成长足迹

1 体格检查

我的湿疹：□没有了 □好转了 □还是很严重

我出牙了：□是 □否

2 喂养记录

妈妈一直用纯母乳喂我：□是 □否

妈妈开始让我尝试用奶瓶了：□是 □否

妈妈给我完全添加了配方奶粉：□是 □否，每次 _____ 毫升，

每日添加 _____ 次，奶粉品牌 __________

我补充了维生素 D：□是 □否

我补充了钙：□是 □否

我补充了铁：□是 □否

3 排便记录

我这周的大便：□便秘 □正常 □总是腹泻

4 睡眠记录

我的睡眠逐渐有规律了：□是 □否

我夜里睡得踏实了：□是 □否

5 洗护记录

妈妈给我剪指甲了：□是 □否

妈妈给我洗澡了：□是 □否

妈妈给我清洁口腔了：□是 □否

妈妈带我出门了：□是 □否，晒了 ______ 小时的太阳

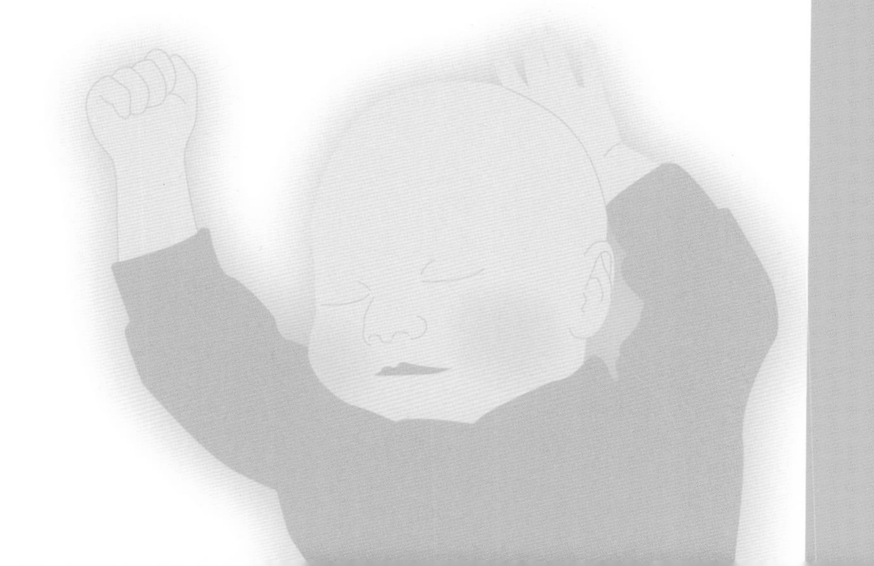

育儿贴士

摇摇篮、举高高会对婴儿脑部有损伤吗？

⊙摇篮是古今中外经久不衰的育婴用品，由其普及性可见它对宝宝的重要性。使用摇篮的原理是：当宝宝似睡非睡时，大人轻轻推动摇篮，宝宝的前庭系统逐渐抑制，于是进入睡眠状态。

⊙如果摇篮晃得幅度太大、速度太快，前庭系统就会兴奋，甚至使脑部受到过度刺激，且万一摇篮撞到东西而伤及宝宝脆弱的头部，会产生严重的后果。

⊙举高高游戏的道理也是一样的，游戏时动作轻缓不仅能安抚宝宝的情绪，而且能给前庭系统适当的刺激，从而利于宝宝脑部的发展。但高频率、大幅度地抛接宝宝，是不安全的。

⊙爸爸妈妈要控制自己的情绪，不要动作粗鲁地摇晃宝宝，也不要做出超越宝宝承受能力的危险动作。任何事物若适当使用，则好处多多；若不会利用或过度使用，则可能引发问题。

第 5 月

我的第三周

年　月　日

成长足迹

1 体格检查

我的湿疹：□没有了 □好转了 □还是很严重

我出牙了：□是 □否

2 喂养记录

妈妈一直用纯母乳喂我：□是 □否

妈妈开始让我尝试用奶瓶了：□是 □否

妈妈给我完全添加了配方奶粉：□是 □否，每次 _____ 毫升，

每日添加 _____ 次，奶粉品牌 __________

我补充了维生素 D：□是 □否

我补充了钙：□是 □否

我补充了铁：□是 □否

3 排便记录

我这周的大便：□便秘 □正常 □总是腹泻

1. 要经常与宝宝玩躲猫猫游戏

⊙5 ~ 6 个月的宝宝开始对躲猫猫游戏感兴趣，这表明宝宝的智力发展到了一个新的水平。在这个月龄，物体开始在宝宝的头脑中形成表象，但保留时间较短。躲猫猫游戏，可以帮助宝宝延长表象保留的时间。

⊙爸爸妈妈要抓住这个关键期经常与宝宝玩这类游戏。

2. 如何帮宝宝做好爬行前的准备?

⊙这个月龄的宝宝趴在床上的时候，已经可以神气十足地挺胸、抬头，有时还会以腹部为支点在床上打转。这时，爸爸妈妈就可以为宝宝的爬行训练做准备了。

⊙每天尽可能多地让宝宝趴着玩。爸爸妈妈可以在宝宝面前不太远的地方放上玩具，然后鼓励宝宝去抓，当宝宝向前使劲儿时，可以用手抵住宝宝的足底，帮助宝宝前进。这样的练习不仅可以锻炼宝宝的肌肉力量，还可以增强宝宝肢体的协调性，为手膝爬行做准备。

3. 是否需要制止宝宝的故意行为?

⊙这个月龄的宝宝相比之前更加调皮了，如：喜欢用手够取自己想要的东西；洗澡时用手拍打水面，沉迷于漂浮在澡盆中的小鸭子；故意把手中的东西扔到地上，如果妈妈帮他捡起来，他会再次扔掉，如此反复。

⊙这些现象表明宝宝开始注意到事物之间的因果关系，意识到自己的行为可以影响其他事物，并产生这样或那样的结果。

4 睡眠记录

我的睡眠逐渐有规律了：□是 □否

我夜里睡得踏实了：□是 □否

5 洗护记录

妈妈给我剪指甲了：□是 □否

妈妈给我洗澡了：□是 □否

妈妈给我清洁口腔了：□是 □否

妈妈带我出门了：□是 □否，晒了 _____ 小时的太阳

育儿贴士

⊙宝宝故意做出这些行为，是在发现和探索事物之间的关系。作为家长，不应制止。

第 **5** 月

我的第四周

年　　月　　日

成　长　足　迹

1 体格检查

我的湿疹：□没有了 □好转了 □还是很严重

我出牙了：□是 □否

2 喂养记录

妈妈一直用纯母乳喂我：□是 □否

妈妈开始让我尝试用奶瓶了：□是 □否

妈妈给我完全添加了配方奶粉：□是 □否，每次 _____ 毫升，

每日添加 _____ 次，奶粉品牌 __________

我补充了维生素 D：□是 □否

我补充了钙：□是 □否

我补充了铁：□是 □否

3 排便记录

我这周的大便：□便秘 □正常 □总是腹泻

4 睡眠记录

我的睡眠逐渐有规律了：□是 □否

我夜里睡得踏实了：□是 □否

5 洗护记录

妈妈给我剪指甲了：□是 □否

妈妈给我洗澡了：□是 □否

妈妈给我清洁口腔了：□是 □否

妈妈带我出门了：□是 □否，晒了 _____ 小时的太阳

6 生长记录

我已经能够很熟练地从仰卧位**翻**到俯卧位：
□是 □否

妈妈拉我起来时，我的头和肩膀能同时**起来**：
□是 □否

我能自己靠着沙发**坐**一会儿了：
□是 □否

妈妈在我面前摇晃的玩具，我能准确地**抓**住：
□是 □否

我很能**说**，对着人说，对着玩具也说：
□是 □否

我喜欢跟着好听的音乐发出咿咿呀呀的**声音**：
□是 □否

我知道自己的**名字**了，妈妈叫我，我就会回应她：
□是 □否

掉到地上的东西，我会追着看，还会伸手要去把它**抓回来**：
□是 □否

第 5 月

体格发育指标

年 月 日

发育评估

身长（cm）	男	女
▲	71.5	69.8
●	66.7	65.2
▼	62.1	60.8

体重（kg）	男	女
▲	9.99	9.23
●	8.00	7.36
▼	6.36	5.92

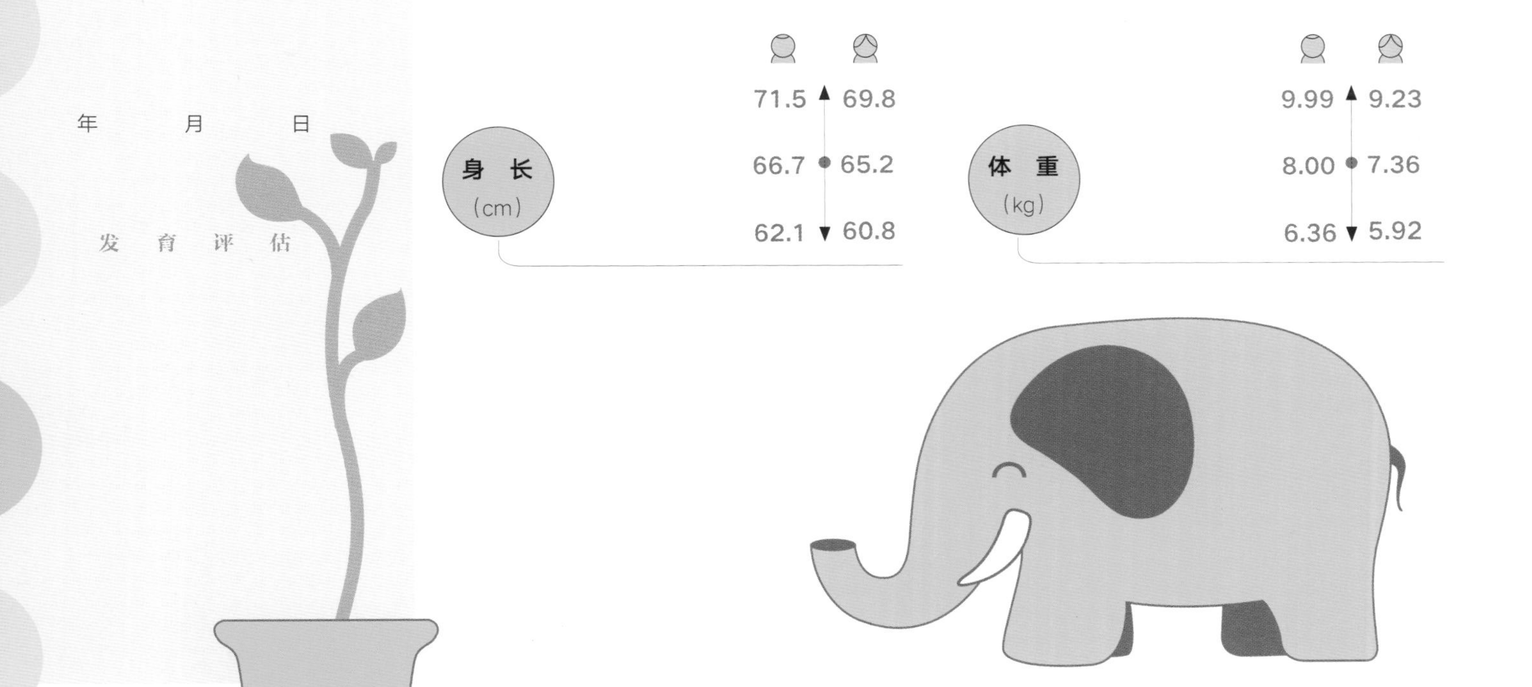

头 围
（cm）
约为 42.7
约为 41.6

第 5 月

心理发展评估

年 月 日

发育评估

大运动

A	B
拉腕抬起头和肩	扶坐时背部稳定，不摇晃
宝宝仰卧，拉宝宝的手腕起来，观察宝宝的头和肩部能否跟随一起抬起	扶宝宝坐时，观察宝宝能否坐稳
能 不能 不确定	能 不能 不确定

较好 一般 需关注

对人的反应

A	B
对镜中的自己有反应	注意说话和唱歌的人
让宝宝距镜子15~20cm，观察宝宝有无反应	当他人交谈或唱歌时，观察宝宝是否会注意听
能 不能 不确定	能 不能 不确定

较好 一般 需关注

对心理发展评估结果的解释：

1. 若每个领域中的两项都为“能”，则说明宝宝在这个领域处于较好的发育状态；
2. 若单个领域中的两项都不为“能”且其中一项为“不能”，则说明宝宝在该领域中的发育情况需要特别关注；
3. 若介于以上两种情况之间，则说明宝宝的发育情况一般；
4. 若有两个或两个以上领域处于需要关注的情况，则希望您到儿童保健机构或相关单位进行咨询。

对物的反应

	A	B
项目	皮球掉下后两眼追找	抓住附近的拨浪鼓
方法	当宝宝注视着皮球时，让皮球落下滚动，观察宝宝能否低下头追视	把拨浪鼓放在距宝宝手的不远处，观察宝宝能否主动伸手去抓
结果	能 / 不能 / 不确定	能 / 不能 / 不确定

较好　一般　需关注

语　言

	A	B
项目	主动和人或玩具说话	听到音乐时发出声音
方法	给宝宝一个玩具，观察宝宝能否对着玩具发出声音	播放熟悉的音乐，观察宝宝能否发出声音
结果	能 / 不能 / 不确定	能 / 不能 / 不确定

较好　一般　需关注

生活素描

6

6个月的宝宝可以独坐一会儿，独坐时若身体向前倾，他能用手支撑；能被抱坐于大人的膝盖之上；大人扶着他站时，他会“蹿跳”。这时的宝宝能够趴着往前蹭，这是爬行的基础。如果发现宝宝到了6个月尚不会靠坐，家长就要注意了，及时进行咨询。

6个月的宝宝会慢慢发现自己双手的妙用。他的手部动作不再仅限于握紧小拳头，吮吸手指，他还会紧紧握住手中的玩具不放，甚至会用双手摆弄玩具，反转手腕观察玩具的前后。这时的宝宝不仅能够准确抓握、倒手，还能够在模仿敲击、摇晃玩具的基础上，发现双手共同配合的好处。

6个月宝宝的视力已经不像新生儿时那样模糊了，世界在他们眼中已经清晰多了。他们的视敏度已经接近成年人水平，他们能够用双眼同时看物体，对距离和深度的判断力也继续发展，不仅能注视周围更多的人和物体，还可以注视细小的物品。

在听觉方面，6个月的宝宝能分辨声音的来源与方向，能听懂一些语气，可以听声音辨别熟悉的人物。他们还可以发出“da-da”“ma-ma”等声音。6个月的宝宝已经有一定的记忆能力，能够区别熟悉的人和陌生人。宝宝的认知能力也有了很大的发展，比如：别人拿走了他的东西，他会强烈地反抗。

一部分宝宝在6个月时开始长牙，妈妈要为宝宝出牙做好准备。

第六个月

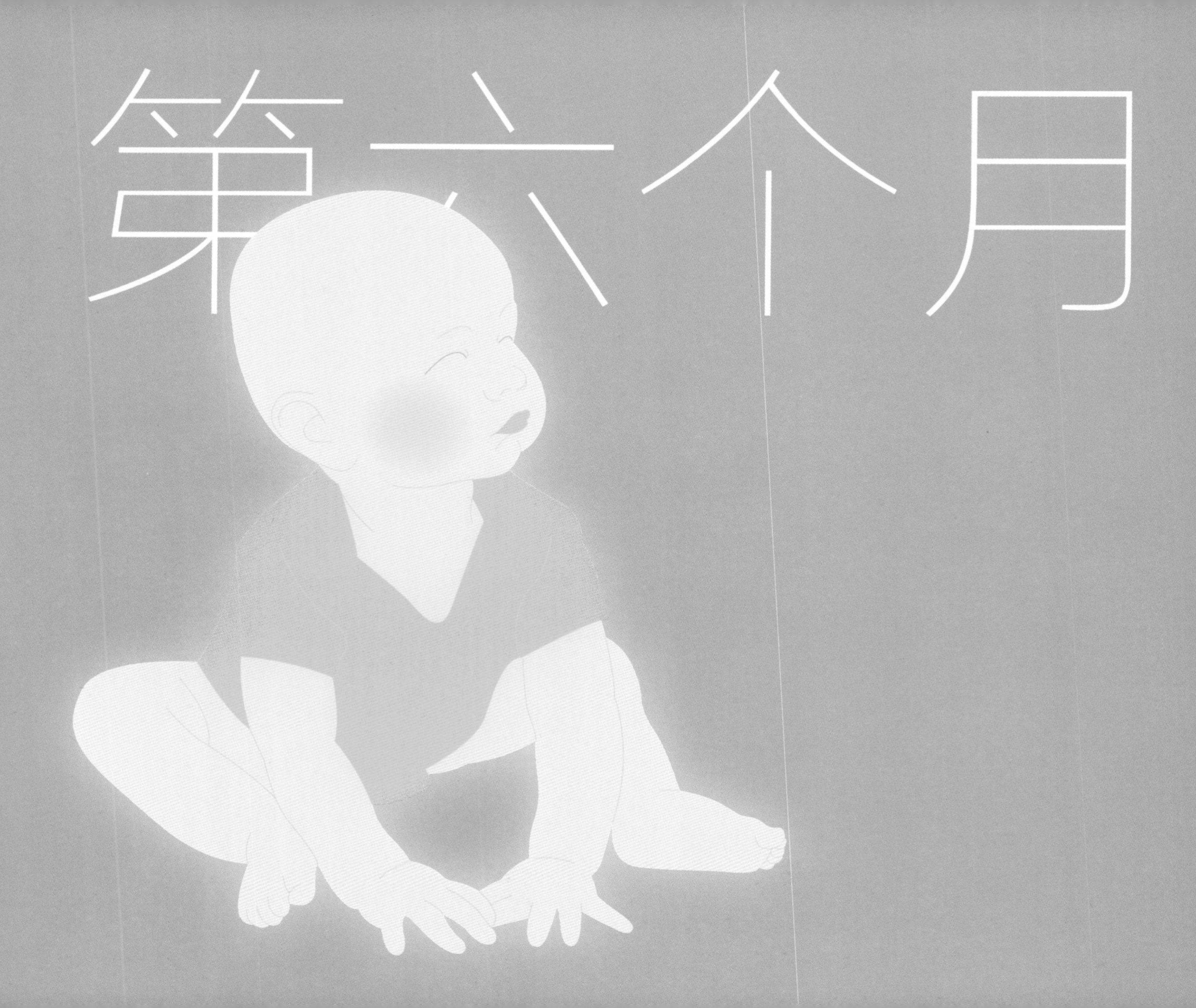

第 6 月

我的第六个月

年　　月　　日

成长足迹

1 体格检查

这个月的体检做完了，现在的我：体重 _____ 千克、身长 _____ 厘米、头围 _____ 厘米

我的湿疹：□没有了 □好转了 □还是很严重

我出牙了：_____ 颗（在出牙相应位置涂上颜色）

⊙左　⊙右

2 喂养记录

妈妈一直用纯母乳喂我：□是 □否

妈妈给我完全添加了配方奶粉：□是 □否，每次 _____ 毫升，每日添加 _____ 次，奶粉品牌 __________

我开始尝试吃辅食了：□是 □否

我补充了维生素 D：□是 □否

我补充了钙：□是 □否

我补充了铁：□是 □否

3 排便记录

我这个月的大便：□便秘 □正常 □总是腹泻

只要有人在我尿尿的时候发出嘘嘘声，我就能跟着尿出来：□是 □否

4 睡眠记录

我的睡眠逐渐有规律了：□是 □否

我夜里睡得踏实了：□是 □否

5 洗护记录

妈妈给我剪指甲了：□是 □否

妈妈给我洗澡了：□是 □否

妈妈给我清洁口腔了：□是 □否

妈妈带我出门了：□是 □否，晒了 _____ 小时的太阳

温馨提醒

我接种了百白破疫苗第三剂次：□是 □否

6 生长记录

我能不靠着东西自己独坐一会儿：□是 □否

妈妈扶着我的胳膊让我站起来时，我特别喜欢“蹿跳”：□是 □否

我能趴着往前蹭着爬：□是 □否

我不仅能拿起 2 厘米的积木块，还能从一只手倒到另外一只手里：□是 □否

我喜欢扔东西，扔掉再捡起来，反反复复很有意思：□是 □否

只要妈妈给我一个摇铃，我就会自己玩：□是 □否

我能开始咿咿呀呀地跟爸爸妈妈聊天：□是 □否

我开口叫（爸爸）妈妈了：□是 □否

我能发出至少 4 种声音：□是 □否

我仅仅通过听就知道哪个是妈妈：□是 □否

第 **6** 月

我的第六个月

年　　月　　日

成 长 足 迹

1. 添加辅食的时机应遵循哪些原则?

⊙体重已达到出生时的 2 倍，通常为 6 千克。早产儿或出生时体重在 2.5 千克以下的低体重儿，添加辅食时，体重也应达到 6 千克。
⊙每天喂奶达 8 次以上，或一天吃奶量达 1000 毫升，宝宝仍然饿或有较强的求食欲。
⊙宝宝会对别人吃东西很感兴趣，盯着别人吃，并且小嘴会跟着动，表现出想吃的样子。
⊙当小勺碰到嘴唇时，宝宝做出吸吮动作；当触及食物或喂食者的手时，宝宝会露出笑容并张嘴，有进食愿望；当食物放入口中时，宝宝能将食物向后送，并吞下去。
⊙通常生长速度快又较活泼好动的宝宝，要比长得慢又文静的宝宝早一点儿添加辅食。人工喂养的宝宝比混合喂养及母乳喂养的宝宝要更早地添加辅食。

2. 如何建立良好的饮食习惯?

⊙6 个月是添加辅食的最佳时期。此时纯母乳已经无法满足宝宝对能量和营养素的基本需求。因此要在继续母乳喂养的基础上为宝宝添加不同口味和质地的食物。
⊙添加了辅食后，宝宝不仅能区分喜欢和不喜欢的气味，还能比较准确地分辨酸、甜、苦、辣、咸等不同的味道。他会对食物味道的任何细微变化都非常敏感，对食物也有了自己的偏好。所以，辅食的制作要多样化，妈妈应给宝宝适当地添加不同味道的辅食。
⊙辅食添加早了，宝宝消化不了，还会造成母乳提前终止；

育儿贴士

辅食添加晚了，会导致宝宝营养不良，还会影响宝宝以后的咀嚼能力。添加辅食一定不能早于 4 个月，也不要晚于 6 个月。

3. 认生是正常现象吗?

⊙6 个月左右的宝宝开始认生。一方面，认生反映了宝宝感知和记忆能力的发展，表明他已能区别熟人和陌生人；另一方面，认生也反映了宝宝情绪和人际关系的重大变化，是他情感发展的一个里程碑。宝宝可能会变得很黏人，只要碰到新面孔或者不太熟悉的人，他就会感到焦虑不安，如果有陌生人突然接近他，他还可能会哭起来。所以，妈妈如果碰到这样的情况，不用感到奇怪，这是宝宝正常的表现。一般来说，六七个月的宝宝对陌生人有明显的反应，7 个月之后对陌生人会有哭闹、回避等较强烈的情绪反应，认生现象达到高峰。随着宝宝逐渐长大，认生现象会逐渐减弱。
⊙并不是所有的宝宝都有认生表现，这与个人的气质和环境都有关系。

第 6 月

体格发育指标

年　　月　　日

发育评估

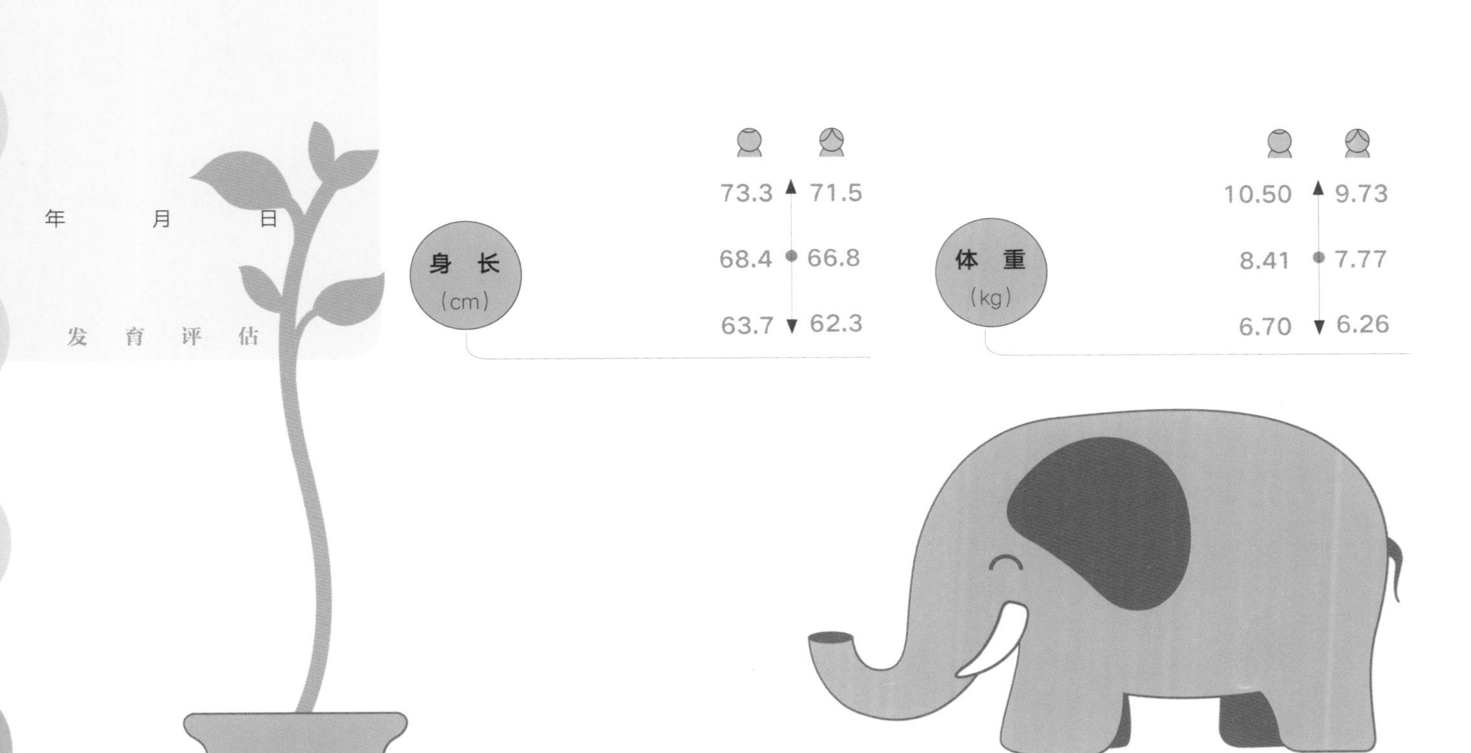

身长（cm）

73.3 ▲	71.5
68.4 ●	66.8
63.7 ▼	62.3

体重（kg）

10.50 ▲	9.73
8.41 ●	7.77
6.70 ▼	6.26

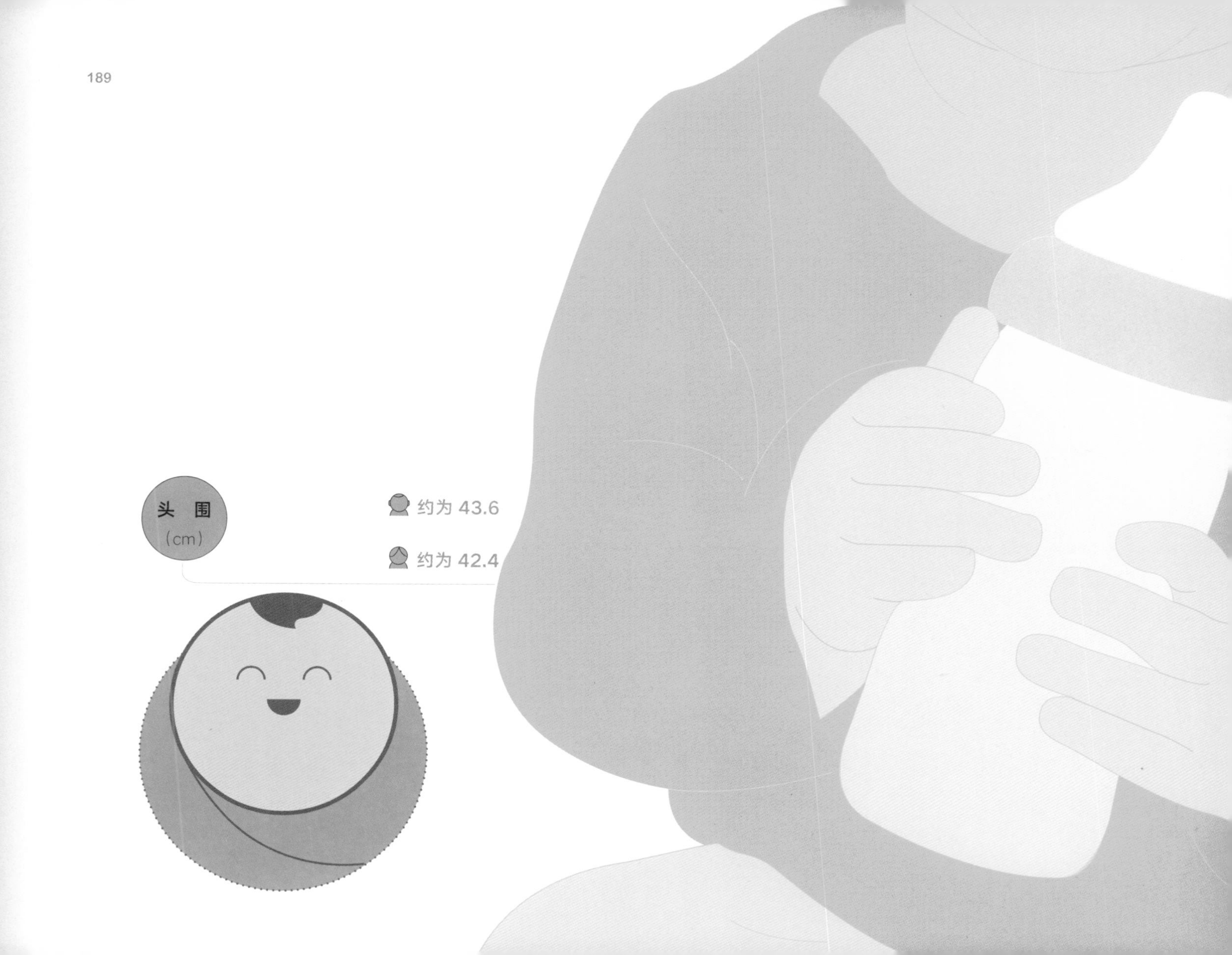
头 围
（cm）
约为 43.6
约为 42.4

第 6 月

心理发展评估

年　　月　　日

大运动

A	B
在示意下可爬	在轻微的支持下可坐
用玩具逗引宝宝，观察宝宝是否有向前爬的意愿或趴着往前蹭	观察宝宝能否倚靠一部分支撑坐住
能　不能　不确定	能　不能　不确定

较好　一般　需关注

对人的反应

A	B
伸臂求抱	从杯子里喝水（成人拿着）
看到妈妈或者其他家人，观察宝宝能否主动伸出手臂让人抱	拿水杯给宝宝喝水，观察宝宝能否从杯中喝到水
能　不能　不确定	能　不能　不确定

较好　一般　需关注

对心理发展评估结果的解释：

1. 若每个领域中的两项都为“能”，则说明宝宝在这个领域处于较好的发育状态；
2. 若单个领域中的两项都不为“能”且其中一项为“不能”，则说明宝宝在该领域中的发育情况需要特别关注；
3. 若介于以上两种情况之间，则说明宝宝的发育情况一般；
4. 若有两个或两个以上领域处于需要关注的情况，则希望您到儿童保健机构或相关单位进行咨询。

对物的反应

A	B
一只手握一块方木	可玩摇铃
先后递给宝宝两块方木，观察宝宝能否双手各握着一块方木	给宝宝摇铃，观察宝宝能否摇晃
能　不能　不确定	能　不能　不确定

较好　一般　需关注

语　言

A	B
对人发出咿呀声	发出四种不同的声音
观察宝宝对着周围的人能否发出咿呀声，好像是在说话	观察宝宝能否发出四种不同的声音
能　不能　不确定	能　不能　不确定

较好　一般　需关注

生活素描

7 个月的宝宝已经习惯坐着玩了。如果扶他站立，他会不停地蹦跳。他还能准确地抓握物体，双手可以对击玩具，会将一只手里的东西传递到另外一只手中。给他玩具时，如果手中有东西，他会先扔掉手中的东西，再去拿这个玩具。

7 个月的宝宝已经懂得“不”的意思，可以理解一些语言；能够清晰地发出“pa–pa”“ma–ma”的音，好像是叫“爸爸”“妈妈”，其实这是无意识的，是宝宝用发音来做游戏。当宝宝发音时，妈妈可以用相同的辅音作答，这会引发宝宝更大、更清晰的声音。宝宝喜欢听大人用夸张的口形发出清楚的声音，他会想办法模仿，或与大人互动。7 个月的宝宝一般可发出 4 ~ 6 个辅音。此外，7 个月的宝宝能主动向声源方向转头，有了寻找声音方向的能力，听到妈妈哄逗的声音可发出笑声。妈妈要鼓励宝宝多发音，为以后的语言学习做准备。

宝宝在六七个月以后，远距离知觉开始发展，能注意远处活动的物体，如天上的飞机、飞鸟等。宝宝这时的视觉和听觉有了一定的观察和倾听的性质，这是观察力的最初形态。这时期周围环境中鲜艳明亮的活动物体都能引起宝宝的注意。

此时的宝宝可以用杯子喝水，能够关注自己经常使用的东西，如奶瓶、手绢等。

宝宝在六七个月以后就能分辨亲人和陌生人，有害怕陌生人的表现。宝宝逐步产生自我意识，与妈妈等亲人互相依恋，当他们离开时会出现分离焦虑。

第七个月

第 7 月

我的第七个月

年　　月　　日

成长足迹

1 体格检查

我的体重 _____ 千克、身长 _____ 厘米、头围 _____ 厘米

我的湿疹：□没有了 □好转了 □还是很严重

我出牙了：_____ 颗

（在出牙相应位置涂上颜色）

⊙左　⊙右

2 喂养记录

妈妈还坚持用纯母乳喂我：□是 □否

妈妈给我完全添加了配方奶粉：□是 □否，每次 _____ 毫升，

每日添加 _____ 次，奶粉品牌 __________

我做好吃固体食物的准备了：□会独坐 □对大人食物感兴趣

□不再把放进嘴巴里的食物顶出去 □体重翻倍（与出生时相比）

妈妈给我品尝了：__________、__________、__________

我喜欢 __________、__________、__________ 的味道

我好像对 __________、__________、__________ 有点过敏

3 排便记录

我这个月的大便：□便秘 □正常 □总是腹泻

只要有人在我尿尿的时候发出嘘嘘声，我就能跟着尿出来：

□是 □否

4 睡眠记录

我的睡眠逐渐有规律了：□是 □否

我夜里睡得踏实了：□是 □否

5 洗护记录

妈妈给我剪指甲了：□是 □否

妈妈给我洗澡了：□是 □否

妈妈给我清洁口腔了：□是 □否

妈妈带我出门了：□是 □否，晒了 ______ 小时的太阳

6 生长记录

我坐得很稳当：□是 □否

妈妈拉着我的手，我能站一会儿：□是 □否

我会在床上打滚：□是 □否

我能用胳膊支撑往前爬：□是 □否

我会拿着两块积木对着敲：□是 □否

我能用两只手反复地倒换玩具：□是 □否

我知道妈妈说“不”是什么意思了：□是 □否

我能发出两个以上音节的音，比如“哎呀”：
□是 □否

我会叫“爸爸（妈妈）”了：□是 □否

当我拿着一个玩具又看到另一个玩具时，我会先扔掉手里的这个，再去拿另外一个：□是 □否

妈妈拍皮球时，我会用眼睛追着看：□是 □否

第 7 月

我的第七个月

年 月 日

成长足迹

对于家里的成员，我能**分**得很清楚：□是 □否

我会抱着杯子**喝水**：□是 □否

我很**喜欢**我的奶瓶、我的玩具：□是 □否

我特别喜欢到处**摸**一摸：□是 □否

我对自己的身体很感兴趣，经常会捅**捅耳朵**等：□是 □否

我现在特别**黏**妈妈，她一离开，我就会大哭不止：□是 □否

温馨提醒

我接种了流脑疫苗第一剂次：□是 □否

1. 给宝宝使用安抚奶嘴有什么影响吗？

⊙宝宝天生喜欢吸吮，他们通过吸吮安抚奶嘴满足自己口腔触觉的需要，也在吸吮手指或脚趾的过程中认识了自己的身体。更重要的是，吸吮所获得的丰富触感可增加生长激素的分泌，让宝宝情绪安稳、身体与脑部快速地成长。所以，安抚奶嘴可以使用，手指、脚趾也可以吮吸。爸爸妈妈只要多注意清洁，经常替他修剪指甲，避免吸吮指甲内暗藏的污秽即可。只要在 1.5 岁开始戒安抚奶嘴，2 岁前戒断，就不会对宝宝造成不良的影响。但要注意安抚宝宝的方式还有很多，不要过分依赖安抚奶嘴。

2. 如何养成按时睡觉的好习惯？

⊙从这月起，妈妈要逐渐培养宝宝按时睡觉的习惯。每天在相对固定的时间让宝宝做睡觉前的常规事情，用以暗示宝宝“我们要睡觉啦”，如每天都在相对固定的时间洗澡、翻看图书、吃奶、唱催眠曲、道晚安。这样坚持大约 3 周，宝宝就会养成按时睡觉的好习惯。

3. 母婴依恋是怎么回事？

⊙几乎我们每个成年人都看见过“小孩子东看西看到处寻找妈妈”的镜头。六七个月时，宝宝对他人产生依恋。大多数宝宝表现为依恋妈妈，即“母婴依恋”。宝宝常会：倾身要妈妈抱，身体依偎着妈妈，紧紧地抱着妈妈，不肯分开。母婴依恋是宝宝赖以生存和生长的

育儿贴士

无可取代的情感纽带。建立良好的母婴依恋关系对宝宝的个性、社会性发展都十分重要。因此，妈妈应该经常爱抚宝宝，与他进行亲密的身体接触，如以快乐和喜悦的心情搂抱、亲吻、抚摩宝宝。妈妈还应对宝宝的哭、微笑等表情十分在意，对宝宝的各种需要非常敏感，及时了解宝宝的各种“信号”和要求，并给予适当的满足。同时，妈妈对孩子的爱应该是持续的、稳定的，不能高兴时就兴致勃勃、充满热情，不高兴时就对孩子不理不睬、乱发脾气。

4. 分离焦虑是怎么回事？

⊙分离焦虑通常是父母与宝宝间有无亲密关系的指示器。它有一定的发展过程：在宝宝一两个月时，妈妈走了就走了，宝宝无所谓；三四个月时，妈妈走了，宝宝就会哭，这时如果有另一个人陪他玩，他就又高兴起来；大约半岁时，妈妈便不可替代，妈妈走了，宝宝就吵着闹着要妈妈，其他人的哄劝都不管用。

⊙爸爸妈妈要尽量减少离开的次数，若不得不离开，也要先安抚宝宝，让他知道你一定会回来。当宝宝经历了多次爸爸妈妈离开又回来的情况后，他便会产生信任感，从而战胜焦虑情绪。同时，每天给宝宝自己玩的机会，逐渐培养他的独处能力，在这个时期也是必要的。

⊙不同宝宝分离焦虑的程度和持续的时间是不一样的。

第 7 月

体格发育指标

年　　月　　日

发 育 评 估

身长（cm）	男	女
▲	74.8	73.1
●	69.8	68.2
▼	65.0	63.6

体重（kg）	男	女
▲	10.93	10.15
●	8.76	8.11
▼	6.99	6.55

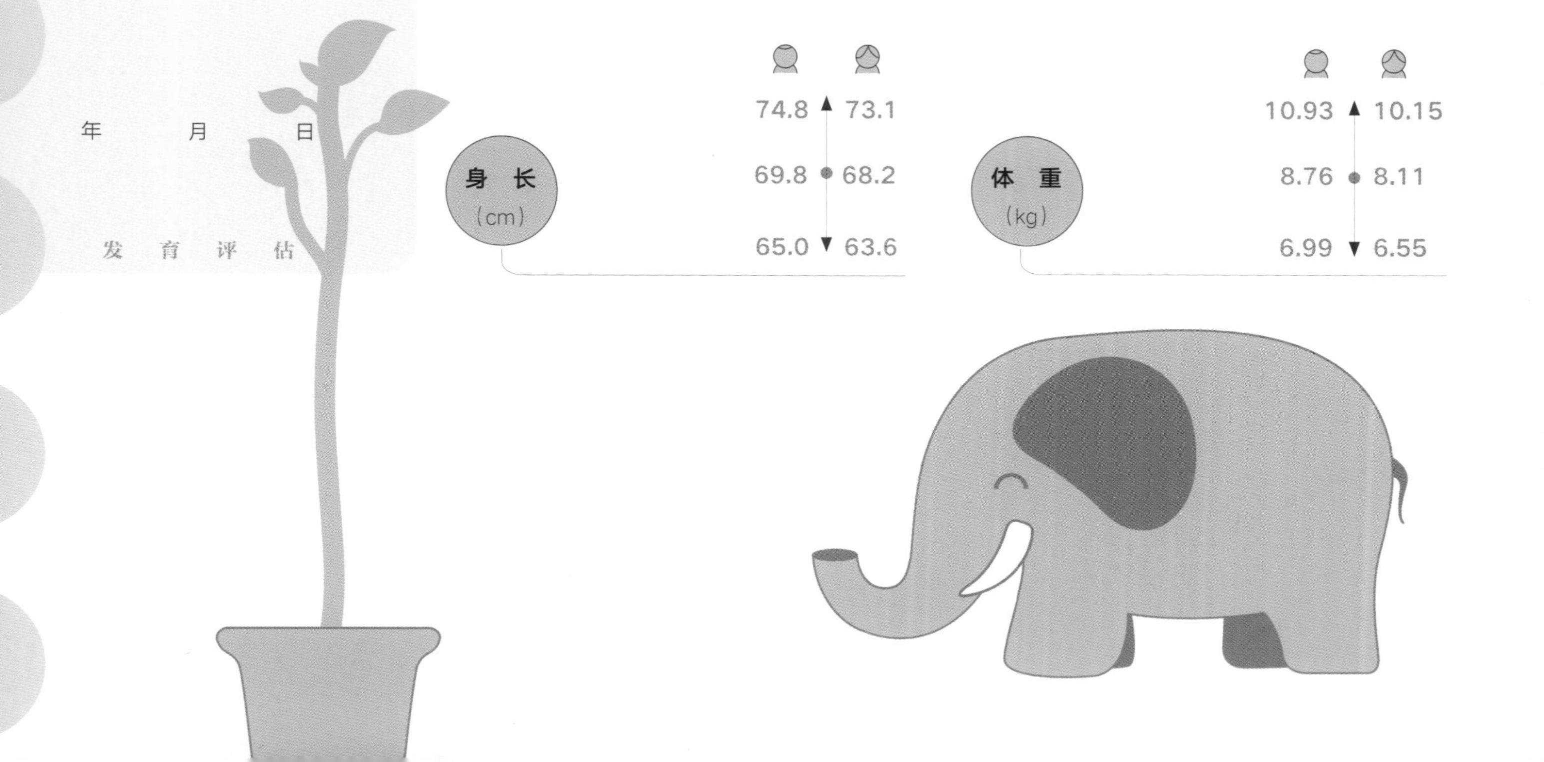

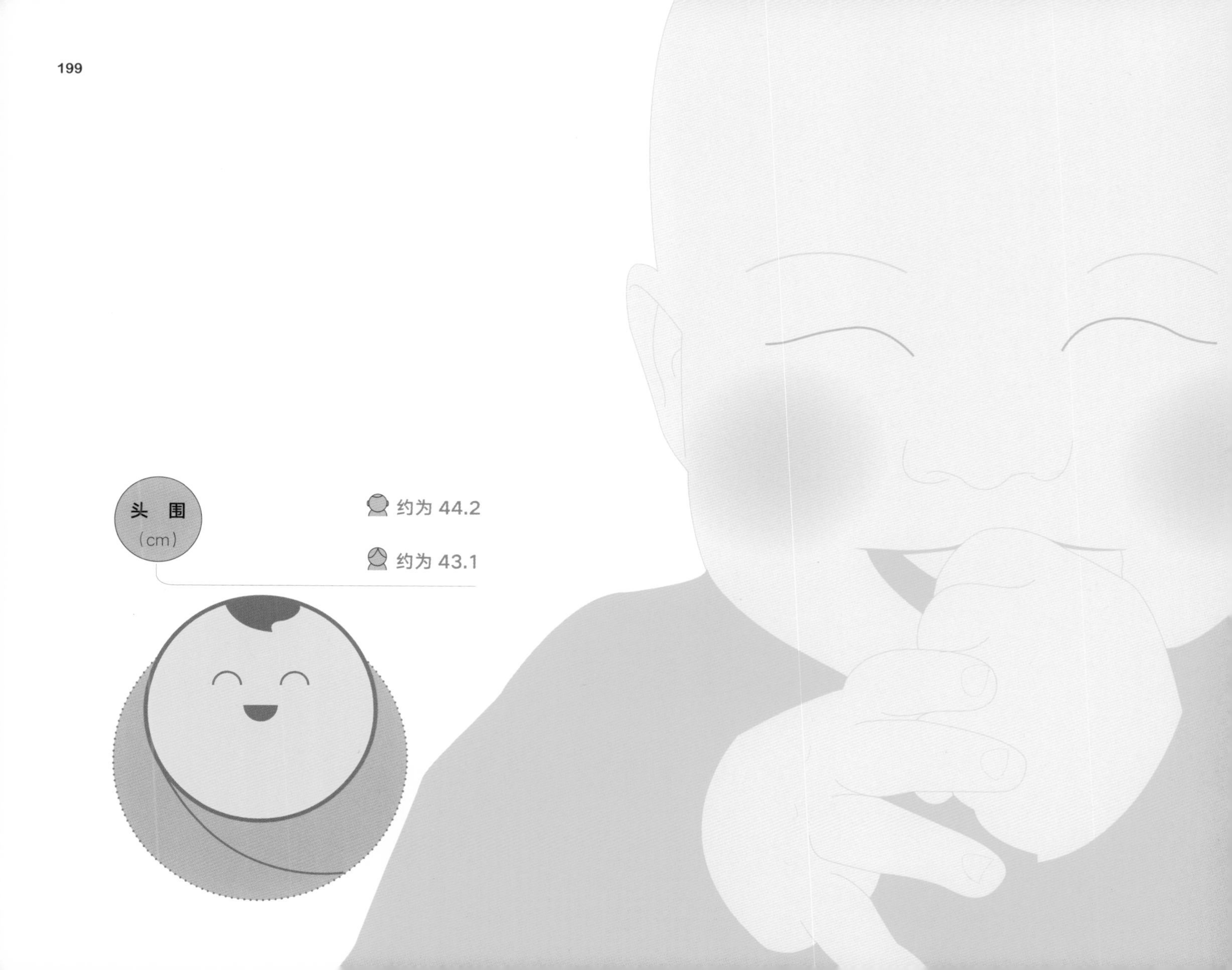
头 围
（cm）
约为 44.2
约为 43.1

第 7 月

心理发展评估

年　　月　　日

发育评估

大运动

A	B
拉着双手站片刻	方木换手
拉着宝宝的双手，观察宝宝能否站一会儿	宝宝手拿一块方木，再让宝宝用相同一只手拿另一个玩具，观察宝宝能否将方木从一只手换到另一只手
能　不能　不确定	能　不能　不确定

较好　一般　需关注

对人的反应

A	B
玩自己的脚，放在嘴里	认人
观察宝宝能否盯着自己脚或者将脚放入嘴中	观察宝宝看到陌生人，是否有反应，如拒抱、哭、惊奇等
能　不能　不确定	能　不能　不确定

较好　一般　需关注

对心理发展评估结果的解释：

1. 若每个领域中的两项都为“能”，则说明宝宝在这个领域处于较好的发育状态；
2. 若单个领域中的两项都不为“能”且其中一项为“不能”，则说明宝宝在该领域中的发育情况需要特别关注；
3. 若介于以上两种情况之间，则说明宝宝的发育情况一般；
4. 若有两个或两个以上领域处于需要关注的情况，则希望您到儿童保健机构或相关单位进行咨询。

对物的反应

A	B
扔掉手中的玩具拿另一个	寻找滚落的玩具
让宝宝手里拿一个玩具，再出示一个玩具逗引，观察宝宝能否丢掉手里的玩具去拿另一个	在宝宝面前将玩具丢在地上，观察宝宝能否去寻找
能 ○ 不能 ○ 不确定 ○	能 ○ 不能 ○ 不确定 ○

较好 ○　一般 ○　需关注 ○

语　言

A	B
叫名字有回应	发两个音节咿呀声
叫宝宝的名字时，观察宝宝是否有回应	观察宝宝能否发出两个音节的咿呀声
能 ○ 不能 ○ 不确定 ○	能 ○ 不能 ○ 不确定 ○

较好 ○　一般 ○　需关注 ○

生活素描

8 个月的宝宝俯卧时能用四肢支撑身体，使腹部离开床面，逐渐从匍匐爬行发展为手膝爬行。在这个时期，宝宝要多练习爬行。爬行不仅可以促进宝宝的生长发育，还能使宝宝动作灵敏、情绪愉快、求知欲大大提高。爬行运动不仅可以锻炼宝宝的四肢协调能力，还可以增强大脑的平衡与反应之间的联系，这种联系对宝宝日后学习语言和阅读会有很好的影响。爸爸妈妈一定要让宝宝充分地练习爬行。

随着月龄的增加，宝宝大脑对手部肌肉的控制也越来越好，能够完成更为复杂的动作。例如，宝宝能够捏取比较小的物品，喜欢将食指伸进小洞或用食指拨弄物体。

8 个月是宝宝认知的重要时期。他可以持续用手追逐玩具，如果将玩具用手绢等盖住，他能够掀开手绢寻找玩具，这是对客体永存的认知。

这个时期的宝宝开始理解语言和动作的联系，比如“拿起”“放下”等，并能够按照指令操作；别人叫他的名字，他会有反应，会转头去寻找叫他的人。虽然宝宝还不会说话，却会用某种声音表达自己的某种需求。宝宝常常发出一连串重复音节，会用动作表示“欢迎”“谢谢”“再见”等，将语言与动作联结，形成条件反射。随着接触的人越来越多，宝宝还会主动与他人搭话，而这种交流和“对话”，为宝宝创造了发展语言的良好条件。

第八个月

第 **8** 月

我的
第八个月

年　　月　　日

成　长　足　迹

1 体格检查

这个月的体检做完了，现在的我：体重 _____ 千克、

身长 _____ 厘米、头围 _____ 厘米

我的湿疹：□没有了 □好转了 □还是很严重

我出牙了：_____ 颗（在出牙相应位置涂上颜色）

2 喂养记录

妈妈还坚持用纯母乳喂我：□是 □否

妈妈给我完全添加了配方奶粉：□是 □否，每次 _____ 毫升，

每日添加 _____ 次，奶粉品牌 __________

妈妈这个月给我品尝了：__________、__________、__________

我喜欢 __________、__________、__________、__________ 的味道

我好像对 __________、__________、__________、__________ 有点过敏

3 排便记录

我这个月的大便：□便秘 □正常 □总是腹泻

4 睡眠记录

我的睡眠逐渐有规律了：□是 □否

我夜里睡得踏实了：□是 □否

5 洗护记录

妈妈给我剪指甲了：□是 □否

妈妈给我洗澡了：□是 □否

妈妈给我清洁口腔了：□是 □否

妈妈带我出门了：□是 □否，晒了 _____ 小时的太阳

温馨提醒

我接种了乙肝疫苗第三剂次：□是 □否

育儿贴士

1. 学习坐便盆应注意哪几点？

⊙在这个月龄，抵抗坐便盆的宝宝并不多。如果宝宝有了排便预兆，如大便前偷偷使劲、放臭屁、发出“嗯嗯”声、两眼发直、小脸憋得通红等，爸爸妈妈就可以不失时机地让宝宝试着坐便盆。大部分宝宝都能够把大便排在便盆中。但需注意以下三点。

①坐便盆的时间不能超过 5 分钟；

②坐便盆时不让宝宝吃东西或玩玩具；

③便盆用过一次就要清洗一次，并且需要每天用开水烫洗。

⊙要知道这个月龄的宝宝还不具备控制大便的能力，尽管能把大便排在便盆中，也不能说明妈妈已经成功地训练了宝宝的排便能力。所以，当周围的妈妈说她的宝宝已经会在便盆中排大便了，您的宝宝还不行，您也不要着急。

2. 模仿是宝宝学习的主要方式

⊙这个月龄是宝宝模仿学习的关键期。依靠感官进行探索活动的宝宝，随着各种感觉经验的丰富，感觉统合能力越来越强。宝宝主要是通过重复和模仿来取得这些进步的。宝宝会下意识地模仿一些动作，如摆手示意“再见”，拍手示意“欢迎”，拿勺子在碗

6 生长记录

我开始胳膊和膝盖并用地往前爬了：□是 □否

我能扶着东西站起来：□是 □否

我能独自坐着玩 10 分钟：□是 □否

我能用拇指和食指捏很小很小的东西：□是 □否

我特别喜欢把食指伸进各种小洞洞里：□是 □否

我能听懂妈妈下达的指令，比如妈妈说把玩具“放下”，我就放下：□是 □否

我想喝奶时会用手指着我的奶瓶：□是 □否

我能很认真地听妈妈跟我说话：□是 □否

妈妈把玩具藏到毛巾下，我能把毛巾拿开，把玩具找出来：□是 □否

我喜欢盯着妈妈，看她从瓶子里往外拿葡萄干：□是 □否

给我一个木槌，我就能敲击：□是 □否

中搅动，拍娃娃……。除动作外，宝宝还喜欢模仿简单、熟悉的声音，如狗叫声、嘀嗒声等。

⊙宝宝乐此不疲地模仿着他听到的、看到的，逐渐明白了事物之间的因果关系，明白了各种声音所代表的含义。此时，若爸爸妈妈对宝宝的这些模仿行为给予积极的反馈和鼓励，那么对宝宝的影响是非常大的。

⊙同时，作为被模仿的对象，大人平日应该多注意自己的言行，给宝宝做出积极正向的示范。

3. 宝宝爱咬人是怎么回事?

⊙1 岁内的宝宝正处于口欲期，用嘴去感知事物是他们探索外部世界的一种途径。如有些宝宝吃奶时会试着咬妈妈的乳头。

⊙也有一些表达能力不佳的宝宝，往往会通过咬人来表达他们兴奋、激动的情绪或交往愿望。爸爸妈妈要帮助宝宝丰富肢体语言，如高兴时拍手、想与人亲近时抱抱等。

⊙长牙的宝宝因牙痒而有强烈的咬东西的欲望，妈妈可以给宝宝准备磨牙棒等替代品，来缓解宝宝这一特殊时期的不适感。

⊙这个时期宝宝咬人并无恶意。在宝宝咬人时，被咬的人都不要反应过激，以免造成负面强化而成为宝宝再次咬人的动机。爸爸妈妈应以严肃的表情告诉已经懂得禁止命令的宝宝：“很痛，不可以！”同时，教给宝宝正确的表达方式。

第 8 月

体格发育指标

年 月 日

发育评估

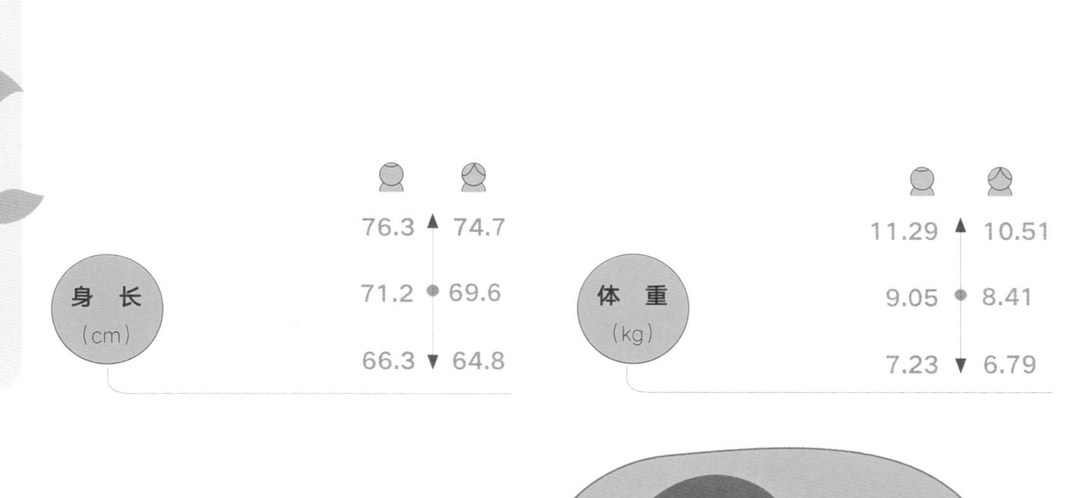

	男	女
身长(cm) ▲	76.3	74.7
身长(cm) ●	71.2	69.6
身长(cm) ▼	66.3	64.8
体重(kg) ▲	11.29	10.51
体重(kg) ●	9.05	8.41
体重(kg) ▼	7.23	6.79

头围
（cm）

约为 44.8

约为 43.6

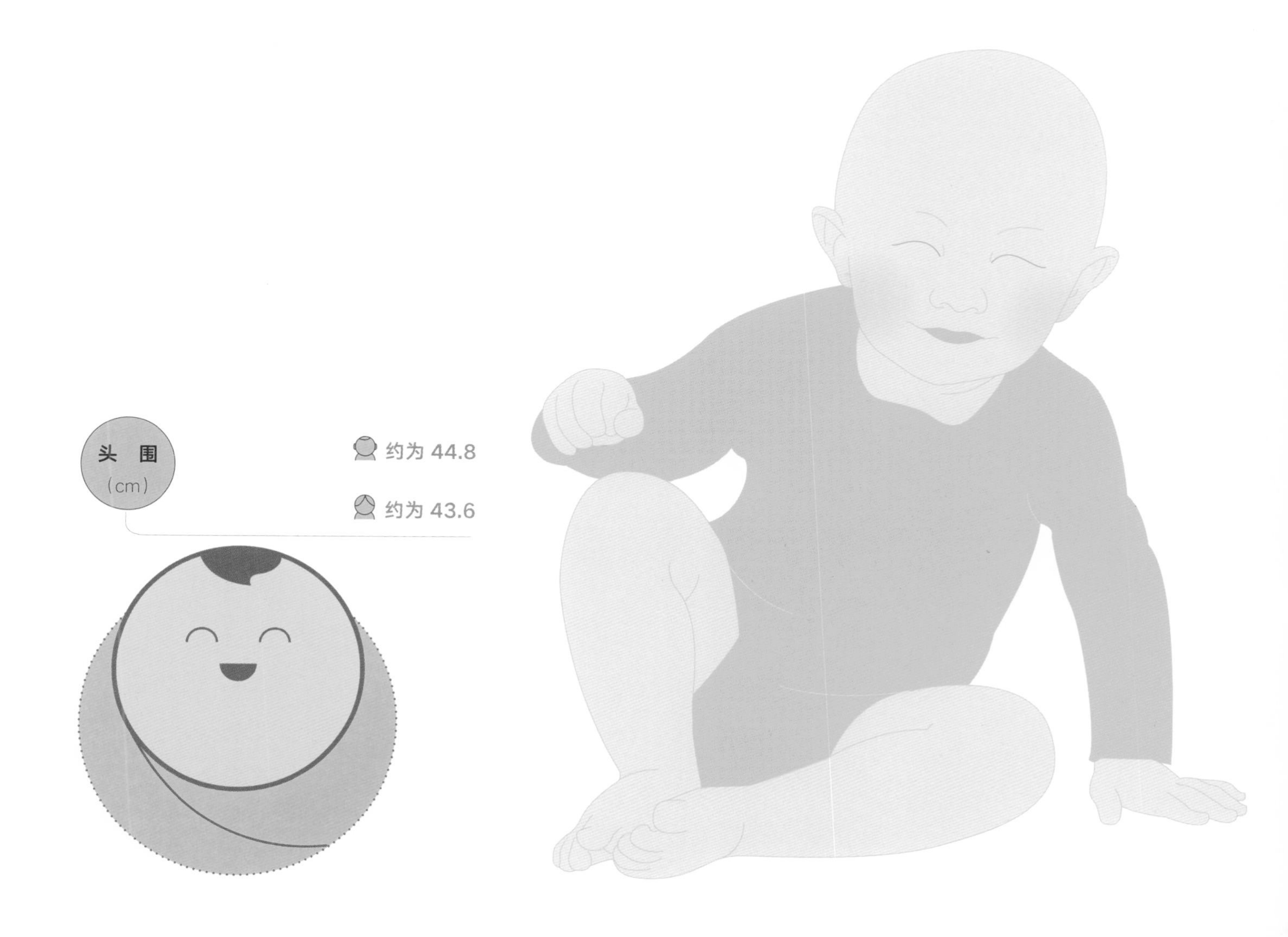

第 8 月

心理发展评估

年 月 日

发育评估

大运动

	A	B
项目	独坐且稳	独自扶栏杆站立
方法	宝宝坐在床上，妈妈拿玩具左右逗引，观察宝宝能否自由转动去够玩具，且不倒	不用他人扶着，观察宝宝能否扶栏杆或桌椅腿站立
结果	能　不能　不确定	能　不能　不确定

较好　一般　需关注

对人的反应

	A	B
项目	自己吃饼干	拿走玩具会表示不高兴
方法	给宝宝手指饼干，观察宝宝能否自己放进嘴里吃	把宝宝手中正在玩的玩具拿走，观察宝宝是否有不高兴的表示
结果	能　不能　不确定	能　不能　不确定

较好　一般　需关注

对心理发展评估结果的解释：

1. 若每个领域中的两项都为“能”，则说明宝宝在这个领域处于较好的发育状态；
2. 若单个领域中的两项都不为“能”且其中一项为“不能”，则说明宝宝在该领域中的发育情况需要特别关注；
3. 若介于以上两种情况之间，则说明宝宝的发育情况一般；
4. 若有两个或两个以上领域处于需要关注的情况，则希望您到儿童保健机构或相关单位进行咨询。

对物的反应

A	B
方木对击	拿起从瓶中倒出的小丸
给宝宝一块方木，将另一块放在桌面上，观察宝宝能否用手中的方木敲击另一块	在宝宝面前把瓶中的葡萄干倒出，鼓励宝宝去拾，观察宝宝能否拾起来
能　不能　不确定	能　不能　不确定

较好　一般　需关注

语　言

A	B
听人说话	用手势表达
家人谈及宝宝且给予其表扬时，观察宝宝是否有表情	观察宝宝能否用几种手势表达自己的需求，如指着杯子要喝水等
能　不能　不确定	能　不能　不确定

较好　一般　需关注

生活素描

9 个月的宝宝爬行更快，动作更加协调，并且有花样爬行的动作。这个月的宝宝喜欢翻身，学会了扶物站起，会横行跨步，运动技能进一步发展。宝宝在各种游戏中能提升手部精细动作能力，他能将小球投到小桶中，能掀开小杯子，寻找杯子下面扣着的玩具。

9 个月的宝宝喜欢被别人称赞，这表明他的语言理解和情绪都有了新的发展，他能听懂妈妈经常说的表扬类的话，因而做出相应的反应。

宝宝对周围环境的兴趣大为提高，能注视周围更多的人和物，根据不同的情况做出不同的表情，会把注意力集中到自己感兴趣的事物和颜色鲜艳的玩具上，并采取相应的行动。这时，爸爸妈妈可以让宝宝对多维物体进行观察，刚开始可以用颜色比较单一的图片，然后逐渐增加颜色；形状也要逐渐变化，由方形、圆形、球形、立体图形到不规则形状，等等。

另外，建议爸爸妈妈多带宝宝到体育活动比较多的场合做视觉训练。例如，带宝宝看各种球类运动，因为球的运动方向千变万化，再加上运动员的积极跑动，会大大增强宝宝的视觉训练和感受，刺激大脑中枢视觉反射区的发展。

宝宝最初对世界的探索是通过嘴来实现的。由于要出牙，牙床痒，宝宝有时也会咬玩具来磨牙。这时妈妈可以准备磨牙饼干、牙胶等，这些既卫生又能满足宝宝的需求。

第九个月

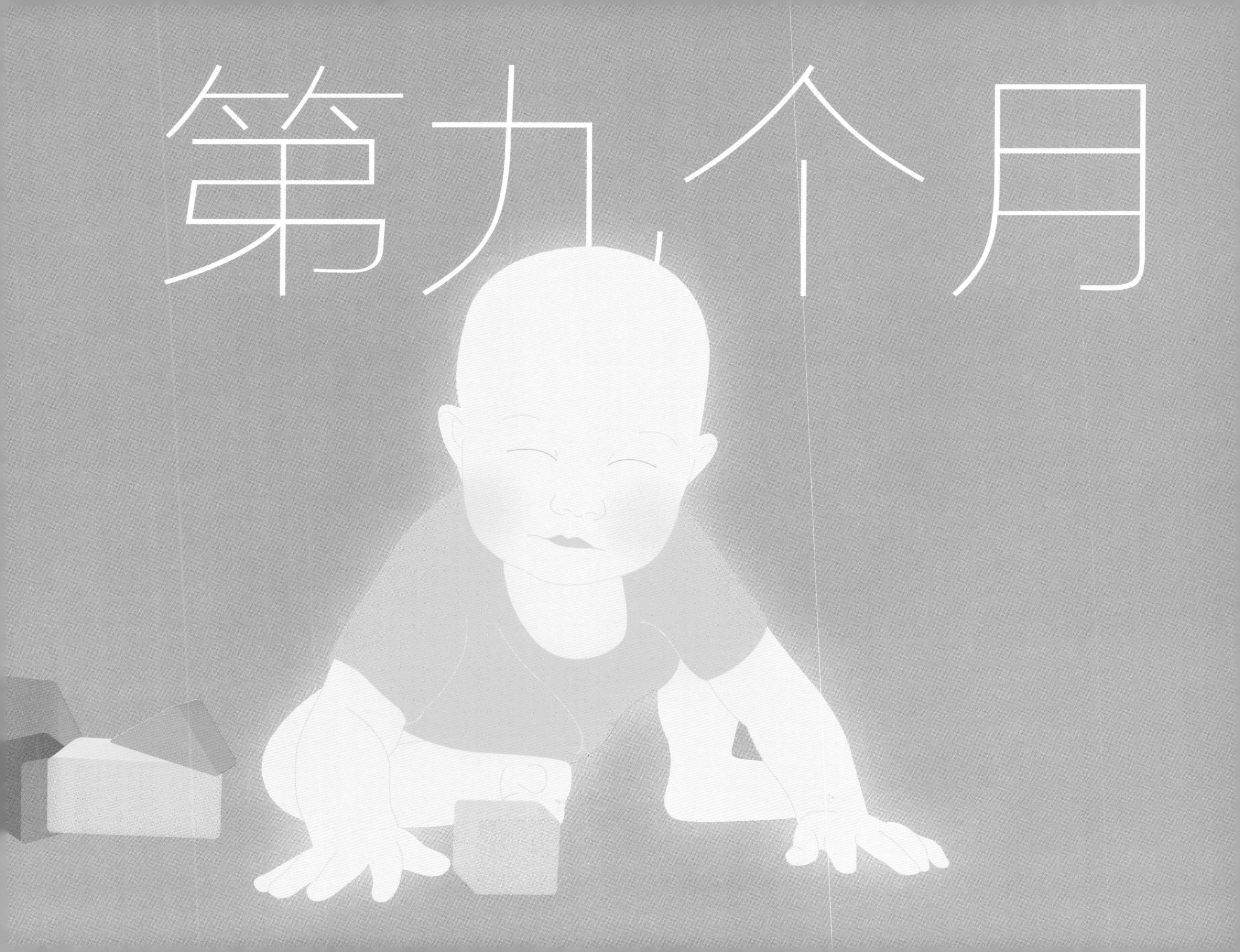

第 9 月

我的第九个月

年　　月　　日

成长足迹

1 体格检查

我的体重 _____ 千克、身长 _____ 厘米、头围 _____ 厘米

我的湿疹：□没有了 □好转了 □还是很严重

我出牙了：_____ 颗

（在出牙相应位置涂上颜色）

⊙左　⊙右

2 喂养记录

妈妈还坚持用母乳喂我：□是 □否

妈妈给我完全添加了配方奶粉：□是 □否，每次 _____ 毫升，

每日添加 _____ 次，奶粉品牌 __________

妈妈这个月给我品尝了：__________、__________、__________

我喜欢 __________、__________、__________ 的味道

我好像对 __________、__________、__________ 有点过敏

妈妈鼓励我尝试自己吃饭：□是 □否

3 排便记录

我这个月的大便：□便秘 □正常 □总是腹泻

4 睡眠记录

我的睡眠逐渐有规律了：□是 □否

我夜里睡得踏实了：□是 □否

5 洗护记录

妈妈给我剪指甲了：□是 □否

妈妈给我洗澡了：□是 □否

妈妈给我清洁口腔了：□是 □否

妈妈带我出门了：□是 □否，晒了 _____ 小时的太阳

温馨提醒

我接种了麻风疫苗：□是 □否

育儿贴士

1. 可以为断奶做准备

⊙随着宝宝一天天长大，母乳已不能满足宝宝所需的营养成分。母乳分泌量在宝宝出生 6 个月后减少，质量也降低。如果宝宝能够适应各种辅食，且吃得很好，妈妈可以逐步减少喂奶次数，为断奶做准备。从添加辅食开始，宝宝要逐渐适应奶水以外的食物，慢慢习惯用牙齿来咀嚼。在添加辅食的过程中，妈妈可以教宝宝学会使用杯子、小勺等用具。断奶时，一般是妈妈先停止夜间哺乳，然后再慢慢减去白天的哺乳，哺乳次数逐渐减少，直到完全断奶，这是一个自然过渡的过程。宝宝吃奶次数减少，也会降低对妈妈乳头的刺激，减少催乳素的分泌，最终减少乳汁的分泌。

2. 把尿应注意哪几点？

⊙1 岁半以内的宝宝控制不了尿便是很正常的事，因此把尿就是家长必须做的事情。把尿要注意以下情况。

①把尿不能过频，否则容易造成宝宝以后尿频的毛病。一般每隔 1.5 ~ 2 小时把一次，宝宝吃奶半小时后一般有一次小便。

②因夏天身体中的水分一部分由汗液排出，所以夏天尿量少些，把尿更不能太勤。

③观察宝宝尿前反应，如打激灵、突然愣神等，妈妈应捕捉到宝宝尿前的反应后再把尿。

我的第九个月

年　月　日

6 生长记录

我爬得可快了，而且还能爬出不同花样的姿势：□是 □否

只要有能扶着的地方，我就能自己站起来：□是 □否

给我一个小桶，我能把好多东西放进去：□是 □否

我特别喜欢悬挂在空中的东西，摇着玩真好玩：□是 □否

我能很准确地发出“ma– ma”的音：□是 □否

我能跟着喜欢的音乐一起唱：□是 □否

我特别喜欢跟着大人学说话，还会自言自语地练习：□是 □否

我喜欢颜色鲜艳的图书：□是 □否

在妈妈的帮助下，我能自己拿着杯子喝水：□是 □否

我特别喜欢跟妈妈玩躲猫猫的游戏：□是 □否

我特别不喜欢和妈妈分开：□是 □否

3. 如何看待宝宝的反抗行为？

⊙这个月龄的宝宝已经学会表达自己的不满和抗议情绪。他人很难把宝宝喜欢的东西从他的手中夺走。如果是硬抢，宝宝会大声哭喊以示抗议。但是若妈妈把手伸过去，要他手里的东西，他会把东西递到妈妈手里，也会把身边的东西拿起来主动递到信任的人的手中。

⊙爸爸妈妈应了解这是宝宝成长中情绪发展的一个正常过程。对待宝宝的反抗情绪，爸爸妈妈不要过多地强化，要正确地看待，予以疏导，变换方式与之交流。

4. 多玩“藏与找”的游戏

⊙心理学家皮亚杰指出，9 个月是宝宝客体永存概念的建立时期，即宝宝开始意识到眼前看不见的东西还存在于某处，于是有了明显的藏和找的行为。

⊙这个时期，宝宝的故意行为十分明显，他喜欢坐在餐椅上，将东西丢下去，观察它到哪儿去了；他还会主动拿着手帕把玩具盖起来，再一遍又一遍地找出藏在手帕下的玩具，如此反复，乐此不疲。这些游戏是帮助宝宝建立客体永存概念的很好的方法，此时爸爸妈妈要多与宝宝玩各种藏与找的游戏。

5. 小宝宝有哪些学习特点？

⊙小宝宝是利用味觉、嗅觉、视觉、听觉、触觉等感觉来学习的，看似宝宝漫不经心地玩耍，实际上他正不断运用感官做探索工作；小宝宝会在所处的环境中，主动地展开学习；小宝宝的注意力是专注而短暂的，我们时常发现，妈妈给他讲故事时，他偶尔瞄一两眼、听一两下，看似不专心，但正在“快而无量”地吸收新资讯；小宝宝还会针对自己中意的题材，不断地重复学习，这种重复学习可能会使大人生厌，但对宝宝而言却是一种乐趣，如重复地听一首歌，来回地看一本书。

⊙爸爸妈妈要了解小宝宝的学习特点，用心引导，培养其学习能力。

第 9 月

体格发育指标

年　　月　　日

发育评估

身长（cm）	男	女
上限	77.8	76.2
均值	72.6	71.0
下限	67.6	66.1

体重（kg）	男	女
上限	11.64	10.86
均值	9.33	8.69
下限	7.46	7.03

头 围
(cm)
约为 45.3
约为 44.1

第 9 月

心理发展评估

年 月 日

发育评估

大运动

	A	B
项目	用手和膝盖爬	拉栏杆站起
方法	拿玩具在宝宝面前逗引宝宝，观察宝宝能否在腹部不贴地面的情况下用手和膝盖爬行	把宝宝放在栏杆前坐着，观察宝宝能否自己拉栏杆站起
结果	能 / 不能 / 不确定	能 / 不能 / 不确定

较好 一般 需关注

对人的反应

	A	B
项目	在帮助下用杯子喝水	玩躲猫猫游戏
方法	在他人帮助下，观察宝宝能否用杯子喝水	把一张纸中央戳一个小孔，成人用纸遮住自己脸部，沿纸边露面 2 次，观察宝宝是否有愉快的表情
结果	能 / 不能 / 不确定	能 / 不能 / 不确定

较好 一般 需关注

对心理发展评估结果的解释：

1. 若每个领域中的两项都为“能”，则说明宝宝在这个领域处于较好的发育状态；
2. 若单个领域中的两项都不为“能”且其中一项为“不能”，则说明宝宝在该领域中的发育情况需要特别关注；
3. 若介于以上两种情况之间，则说明宝宝的发育情况一般；
4. 若有两个或两个以上领域处于需要关注的情况，则希望您到儿童保健机构或相关单位进行咨询。

对物的反应

	A	B
项目	从桶中取出方木	主动摇摇铃发声
方法	在宝宝面前把方木放进桶里，观察宝宝能否在提示下将方木从桶中取出	把摇铃放到宝宝手中，观察宝宝能否摇晃，使摇铃发出声音
结果	能 / 不能 / 不确定	能 / 不能 / 不确定

较好　一般　需关注

语　言

	A	B
项目	发“妈妈”音（无所指）	听音乐跟着唱
方法	观察宝宝能否发出“妈妈”的音，但不一定就是指向妈妈	播放熟悉的音乐给宝宝听，观察宝宝能否跟着发音
结果	能 / 不能 / 不确定	能 / 不能 / 不确定

较好　一般　需关注

生活素描

10

大多数宝宝长至10个月时，手与脚的动作已经能很好地协调。宝宝这时开始学习站立，学习走路。大多数宝宝已能自己扶着东西站立，并能扶着家具移动。宝宝学走路有早有晚，发育快的宝宝甚至能独站一会儿。宝宝能从俯卧位扶着床栏坐起且能坐得很稳，能主动地由坐位改为俯卧位，还能扶着栏杆迈步走。

10个月的宝宝可以将物品放入容器，再拿出来。宝宝将玩具扔掉后，自己能蹲下拾起来。宝宝手的动作灵活性明显提高，会使用拇指和食指捏起小的东西，能推开较轻的门、拉开抽屉、脱掉帽子。

10个月的宝宝更加喜欢模仿大人说话的声音，可以听懂大人的简单指令，如“来，来”或“再见”等，还可以听明白“爸爸呢”“妈妈在哪儿”等问题。

这时的宝宝喜欢去有小朋友的地方，喜欢同人交往。宝宝对玩具开始有自己的喜好，会反复去拿喜欢的玩具。如果喜欢的玩具被放在远处，宝宝会主动爬去找。如果爸爸妈妈背对着宝宝，宝宝会叫爸爸妈妈或者拉大人的衣服。见到陌生人，宝宝会害羞。

这个月的宝宝能吃一些固体食物，咀嚼、吞咽能力都已增强，有的宝宝开始上饭桌吃饭，但仍然要保证喝足够的奶。

从本月开始，可以尝试培养宝宝良好的排便习惯。例如，每天早晨起床后，让宝宝坐会儿便盆，并用嗯嗯的声音，促使宝宝建立定时大便的条件反射。

第十个月

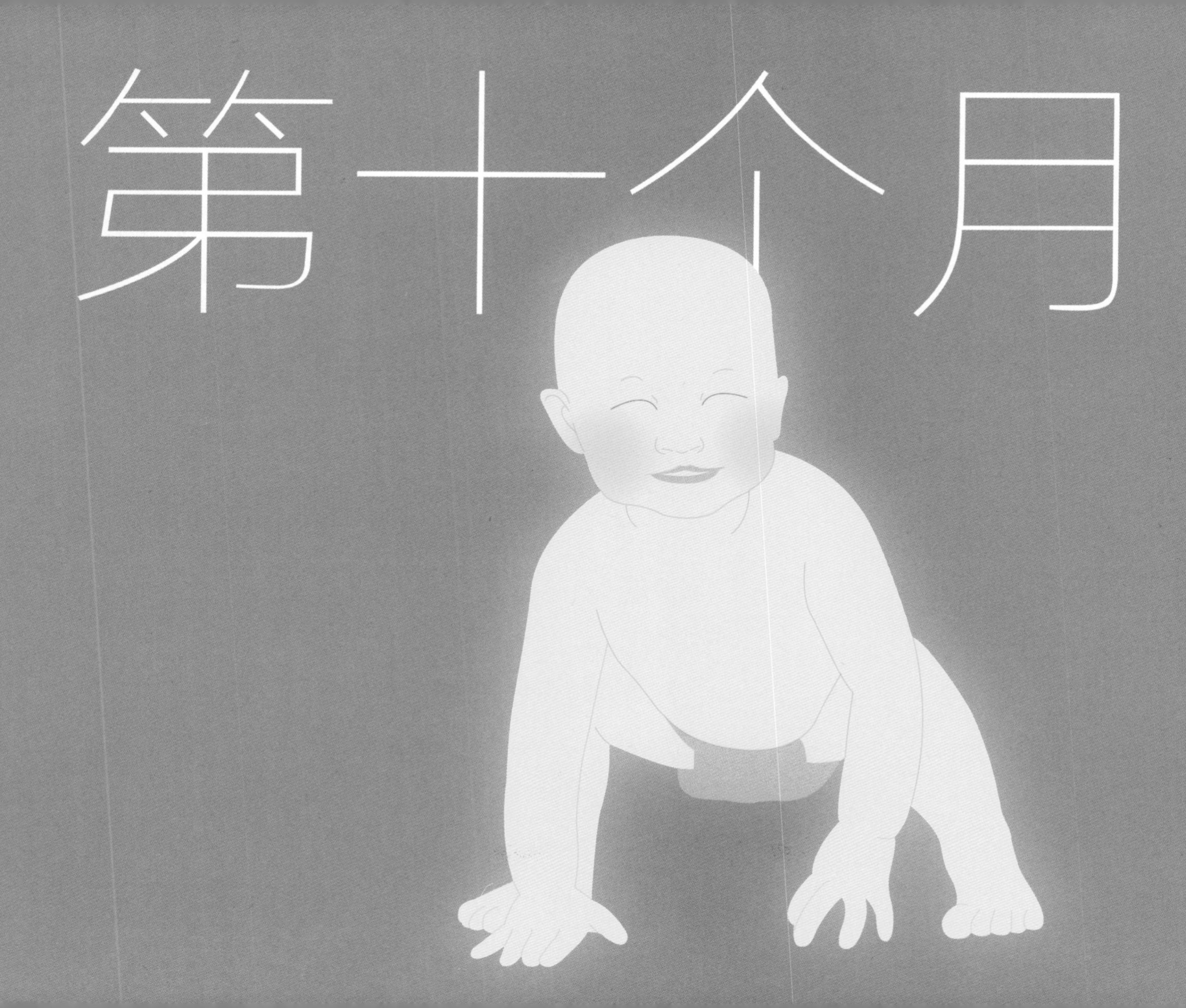

第 **10** 月

我的第十个月

年　　月　　日

成长足迹

1 体格检查

我的体重 _____ 千克、身长 _____ 厘米、头围 _____ 厘米

我出牙了：_____ 颗

（在出牙相应位置涂上颜色）

⊙左　⊙右

2 喂养记录

妈妈还坚持用母乳喂我：□是 □否

妈妈给我完全添加了配方奶粉：□是 □否，每次 _____ 毫升，

每日添加 _____ 次，奶粉品牌 __________

妈妈这个月给我品尝了：__________、__________、__________

我喜欢 __________、__________、__________ 的味道

妈妈给我做的好吃的，不再全部都是软乎乎的了：□是 □否

我好像对 __________、__________、__________ 有点过敏

妈妈鼓励我尝试自己吃饭：□是 □否

3 排便记录

我这个月的大便：□便秘 □正常 □总是腹泻

4 睡眠记录

我的睡眠逐渐有规律了：□是 □否

我夜里睡得踏实了：□是 □否

睡前妈妈会：□给我听音乐 □给我讲故事

□喂我吃奶

5 洗护记录

妈妈给我剪指甲了：□是 □否

妈妈给我洗澡了：□是 □否

妈妈给我清洁口腔了：□是 □否

妈妈带我出门了：□是 □否，晒了 ______ 小时的太阳

育儿贴士

1. 鼓励宝宝尝试独自站立

⊙从第 10 个月开始，站立和行走将是宝宝动作发展的重点。

⊙当宝宝爬行得非常熟练时，他有可能会出现单腿跪的姿势。之后，他会扶着固定的家具站起或坐下，而且能站立较长一段时间。个别宝宝在四周无物或有物不扶的情况下，也可以独站几秒钟。

⊙站立是行走的前提，只有站稳了，站着不摔，方可行走。爸爸妈妈要在这个时期多让宝宝练习靠墙或扶着床边、栏杆站立。当宝宝能借助外力站稳时，爸爸妈妈可以鼓励宝宝将手稍稍放开一会儿，让其尝试独自站立。

⊙要特别注意，宝宝学走路有早有晚，在训练过程中不要强求。而且爸爸妈妈要关注宝宝自信心和独立意识的培养，给宝宝提供更多的机会，鼓励他自己尝试行走。

2. 与宝宝一起看图画书

⊙这个月的宝宝对图画书产生了极大的兴趣。他不仅喜欢指出图画书中自己认识的事物，还喜欢用手指着图画让人反复地说出图画的内容。对宝宝来说，书是一种玩具，也是认识世界的工具。这个时期，爸爸妈妈要和

6 生长记录

我能自己**开门**：□是 □否

我一只手扶着妈妈或者栏杆就能**站**起来，还能再**坐**下：□是 □否

我不但能坐稳，还能在座位上左右**转动**：□是 □否

我能把玩具**扔**出去好远：□是 □否

我能把瓶盖**盖**上去，但还不能盖好：□是 □否

只要妈妈说“**不可以**”，我就知道要停下来了：□是 □否

爸爸藏起来，我一会儿就能**找到**：□是 □否

妈妈给我穿衣服时，我能伸胳膊、伸腿**配合**了：□是 □否

我会挥**挥手**表示“再见”：□是 □否

宝宝一起看图画书。这样做不仅有利于培养宝宝对图书的兴趣，也有利于建立良好的亲子关系。

3. 帮助宝宝认识表情

⊙这个月龄的宝宝的一大特点就是能较为准确地识别他人，尤其是经常与之相处的人的表情。如果爸爸妈妈笑，宝宝就能知道爸爸妈妈很高兴，对自己的行为表示认可、赞许，允许自己这么做；如果爸爸妈妈做出严肃或者生气的表情，宝宝会知道爸爸妈妈不开心了，不认可自己的行为，自己不该这么做。

⊙所以爸爸妈妈一定要利用好宝宝这一敏感期，准确、及时地引导教育宝宝，通过表情来告诉宝宝什么应该做、是被鼓励的，什么不该做、是不对的。这也为宝宝建立是非观念打下基础。

温馨提醒

我接种了流脑疫苗第二剂次：

□是 □否

第 **10** 月

体格发育指标

年　　月　　日

发　育　评　估

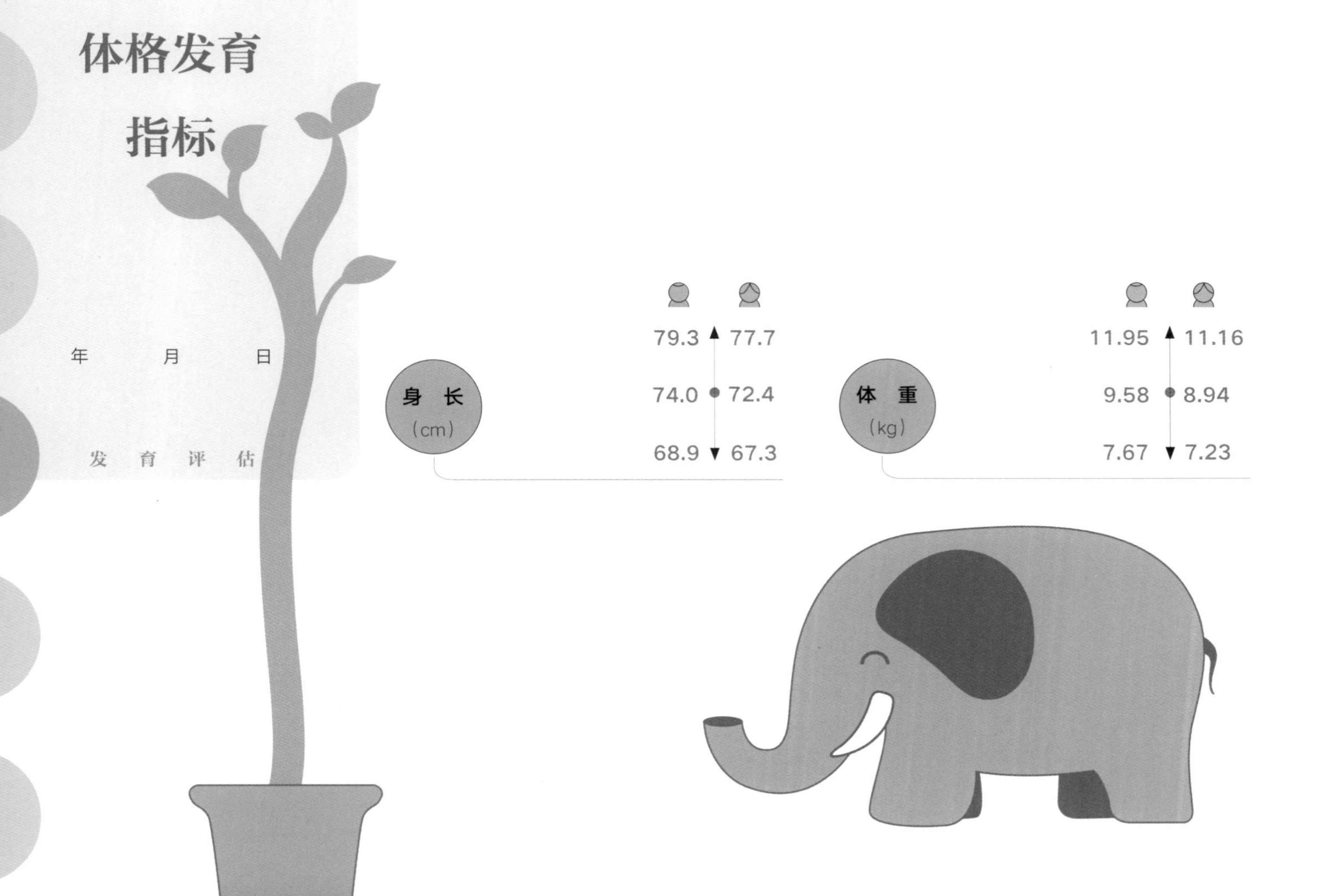

身长(cm)	男孩	女孩
▲	79.3	77.7
●	74.0	72.4
▼	68.9	67.3

体重(kg)	男孩	女孩
▲	11.95	11.16
●	9.58	8.94
▼	7.67	7.23

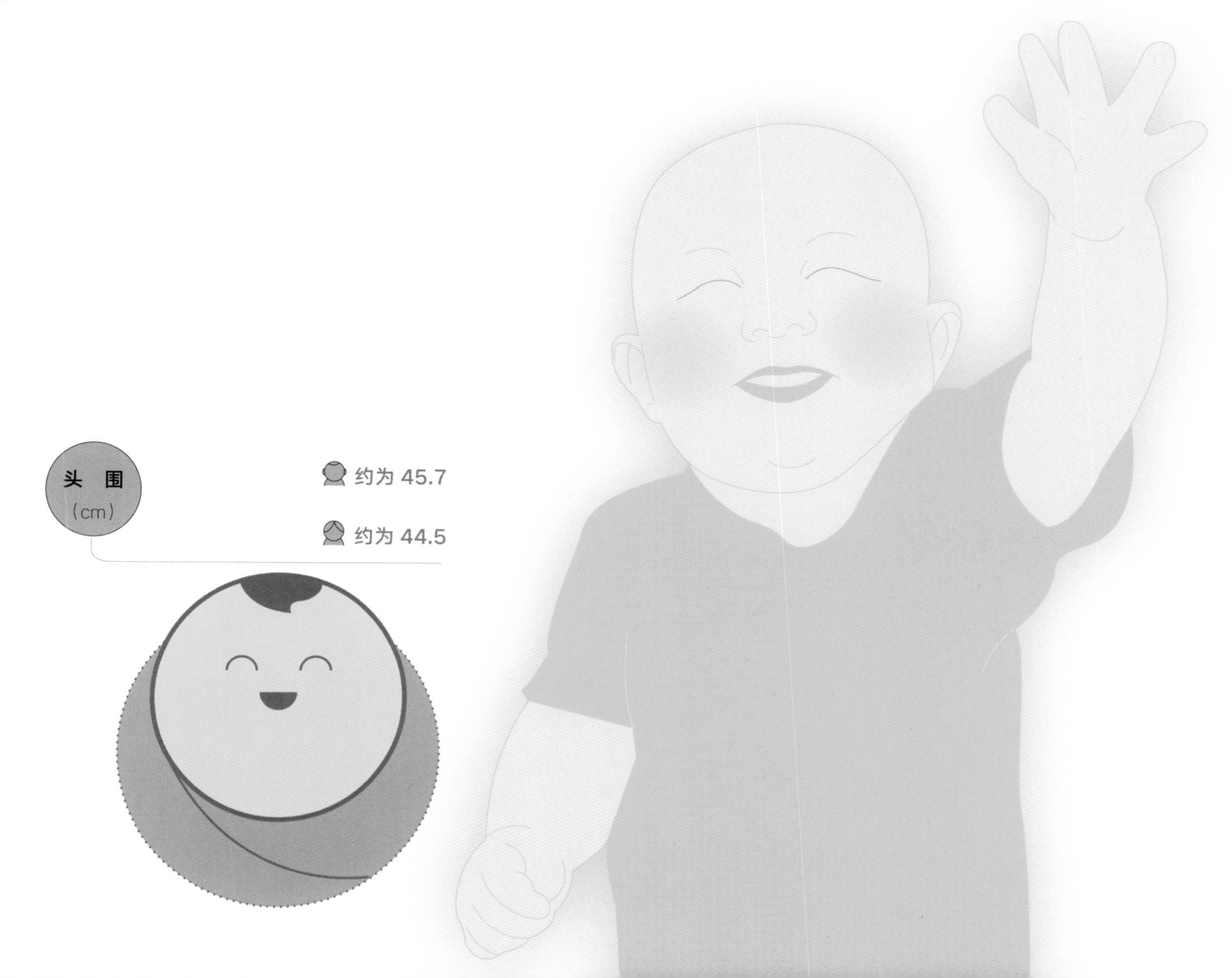
头 围
(cm)
约为 45.7
约为 44.5

第 10 月

心理发展评估

年　　月　　日

大运动

	A	B
项目	左右转动自如	自己能坐稳
方法	宝宝坐姿，拿玩具在其左右逗引，观察宝宝能否转动自如	把宝宝放在小椅子上，观察宝宝能否坐住
结果	能　不能　不确定	能　不能　不确定

较好　一般　需关注

对人的反应

	A	B
项目	招手表示“再见”	手进袖后会伸
方法	对宝宝说“再见”，观察宝宝能否挥动小手	给宝宝穿衣服时，把手放进袖子，观察宝宝能否主动伸手加以配合
结果	能　不能　不确定	能　不能　不确定

较好　一般　需关注

对心理发展评估结果的解释：

1. 若每个领域中的两项都为“能”，则说明宝宝在这个领域处于较好的发育状态；
2. 若单个领域中的两项都不为“能”且其中一项为“不能”，则说明宝宝在该领域中的发育情况需要特别关注；
3. 若介于以上两种情况之间，则说明宝宝的发育情况一般；
4. 若有两个或两个以上领域处于需要关注的情况，则希望您到儿童保健机构或相关单位进行咨询。

对物的反应

	A	B
项目	握住两块方木看	用食指抠小洞
方法	递给宝宝两块方木，观察宝宝能否握着对它们进行“研究”	给宝宝一张纸，观察宝宝能否用食指在纸上抠小洞
结果	能 / 不能 / 不确定	能 / 不能 / 不确定

较好 一般 需关注

语　言

	A	B
项目	懂得“不行”的指令	听懂人的称谓
方法	当宝宝要拿一件物品时，对他说“不行”，观察宝宝能否停止去拿或者动作有迟疑	对着宝宝说“爸爸在哪儿”或“妈妈在哪儿”，观察宝宝能否转头找
结果	能 / 不能 / 不确定	能 / 不能 / 不确定

较好 一般 需关注

生活素描

11 在这个月，大部分宝宝可以扶着栏杆稳稳地走了，宝宝坐着时轻轻推他，他也不会倒下。宝宝的小手也变灵活了，他能自己用手脱去鞋袜，而不是用脚把鞋袜蹬掉。他会伸出食指表明自己一岁了。他能用拇指和食指较灵活地夹取东西。他还会自己将盖子盖上或打开。

宝宝喜欢颜色鲜艳、形状各异的玩具，喜欢摆弄玩具。

11 个月的宝宝表达能力有了明显的进步。大部分宝宝会有意识地叫“爸爸”“妈妈”，会用动作表示不需要或者不高兴，比如摇头、甩手、踢脚、扔东西等。

这个月龄的宝宝情绪表现也更丰富了，高兴时会咯咯地笑或大叫，愤怒时会尖声大哭，但情绪很容易受他人影响，尤其是受妈妈的影响。如果妈妈情绪不好或表现出悲伤，宝宝就会安静地待在一旁，不像平时那样活泼爱动了；如果妈妈哭了，宝宝也会跟着哭起来。

爸爸妈妈的情绪和家庭氛围，对儿童的人格发展有着重要的影响。爸爸妈妈要为宝宝传达正面的、积极的、快乐的情绪，帮助宝宝形成乐观开朗的性格。

一岁前后是宝宝养成饮食习惯的重要时期，这一时期要激发宝宝吃饭的兴趣，让宝宝咀嚼，这样可以促进宝宝牙龈长得结实，从而有利于牙齿的生长。

第十一个月

第 **11** 月

我的第十一个月

年　　月　　日

成 长 足 迹

1 体格检查

我的体重 _____ 千克、身长 _____ 厘米、头围 _____ 厘米

我出牙了：_____ 颗

（在出牙相应位置涂上颜色）

⊙左　⊙右

2 喂养记录

妈妈还坚持用母乳喂我：□是 □否

妈妈给我完全添加了配方奶粉：□是 □否，每次 _____ 毫升，

每日添加 _____ 次，奶粉品牌 __________

妈妈这个月给我品尝了：__________、__________、__________

我喜欢 __________、__________、__________ 的味道

妈妈给我做了好吃的，其中需要咀嚼的东西越来越多了：□是 □否

我好像对 __________、__________、__________ 有点过敏

妈妈鼓励我尝试自己吃饭：□是 □否

3 排便记录

我这个月的大便：□便秘 □正常 □总是腹泻

4 睡眠记录

我的睡眠逐渐有规律了：□是 □否

我夜里睡得踏实了：□是 □否

睡前妈妈会：□给我听音乐 □给我讲故事 □喂我吃奶

5 洗护记录

妈妈给我剪指甲了：□是 □否

妈妈给我洗澡了：□是 □否

妈妈给我清洁口腔了：□是 □否

妈妈带我出门了：□是 □否；晒了 ______ 小时的太阳

育儿贴士

1. 理解宝宝的饮食行为

⊙宝宝还小，无法用语言来表达自己的饮食爱好和需求，但妈妈应该通过仔细观察宝宝的行为和表情等来理解他。比如，11 个月龄的宝宝一般都有强烈的自己吃的欲望，如果允许他自己动手吃,就能激发他吃饭的兴趣。宝宝没睡够或者玩得太兴奋，都会影响他的饭量，这时应尊重宝宝的意愿，能吃多少就喂多少，千万不要哄、骗他吃，否则宝宝容易吃多而造成积食。到了盛夏，宝宝的食欲一般都会减退些，妈妈应多给宝宝准备清淡、消暑的食物.如果宝宝看到食物就扭头或闭紧嘴巴，并且有坐不住的表现,那就说明他已经吃饱了。和家人同桌吃饭，是宝宝最高兴的事情，不要怕宝宝捣乱。

2. 帮助宝宝认识自己

⊙这个时期的宝宝看见妈妈抱别的宝宝时，就会不高兴。这显示了宝宝自我认知的发展，是自我意识萌芽的表现。

⊙爸爸妈妈要在这个时期帮助宝宝认识自己，告诉他“这是宝宝的手”“这是宝宝的脚”“这是宝宝的眼睛”“这是宝宝的鼻子”等。让他开始从身体各部位开始认识自己，肯定自己，发展自我认同感。

第 11 月

我的第十一个月

年　月　日

成长足迹

6 生长记录

我能爬过障碍物：□是 □否

我随便扶着东西就能蹲下，还能把地上的东西捡起来：□是 □否

如果有人牵着我的一只手，我就能走几步：□是 □否

扶着妈妈或者栏杆时，如果我脚下有球，我能把它踢开：□是 □否

妈妈给我一支蜡笔，我能抓住笔在纸上乱画：□是 □否

跟妈妈一起读书的时候，我可以自己翻书：□是 □否

我能指出图书中自己最喜欢的事物：□是 □否

我终于学会把瓶盖拧开，再拧回去：□是 □否

我能用食指指出自己喜欢吃的食物：□是 □否

我叫“妈妈”时，是真的在叫我的妈妈：□是 □否

我想要东西或者要做事时，能发一个音来表达：□是 □否

我能发出 3 个音节的音了：□是 □否

3. 配合宝宝的假装游戏

⊙这个时期的宝宝假装行为逐渐丰富，想象力逐渐显露，如拿水杯喂娃娃喝水，拿长方形的积木假装打电话，等等。

⊙爸爸妈妈要在此时积极引导并配合宝宝玩假装游戏，这是日后宝宝玩“过家家”游戏的雏形。假装游戏涉及语言、肢体动作等，宝宝的大部分感官都会积极地参与其中，这对宝宝感知觉和动作能力的发展，以及想象力和创造力的培养均有益。

4. 锻炼宝宝的动手能力

⊙进入第 11 个月，随着手眼协调能力的提高，宝宝的小手越来越能干。他拿到东西很少放入口中，而是更多地用手去感觉。

⊙宝宝会翻质地较硬的书页，能够悬腕用拇指和食指捏起葡萄干，或者想办法把放入瓶中的葡萄干弄出来。他能模仿大人拿着笔画线。另外，宝宝的指尖已可以持续用力，可以将袜子从脚尖拉下来。这些能力的发展，说明宝宝已经能自我服务了。爸爸妈妈平常可以鼓励宝宝用杯子喝水、自己拿勺进食、学习脱袜子。这些都可以锻炼宝宝的自理能力，培养宝宝自我服务的意识。

我能够自己用勺子吃饭：□是　□否

我可以自己拿着杯子喝水：□是　□否

高兴时我会咯咯地笑，愤怒时我会大喊大叫：□是　□否

我能够感受到妈妈的开心和不开心：□是　□否

第 11 月

体格发育指标

年　　月　　日

发　育　评　估

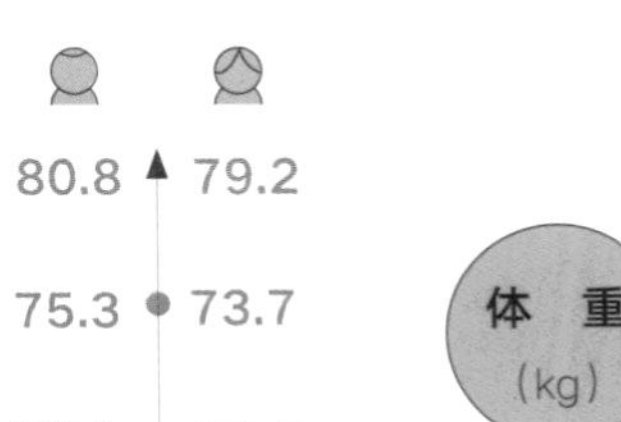

身长 (cm)

80.8	79.2
75.3	73.7
70.1	68.5

体重 (kg)

12.26	11.46
9.83	9.18
7.87	7.43

头围（cm）

男孩 约为 46.1

女孩 约为 44.9

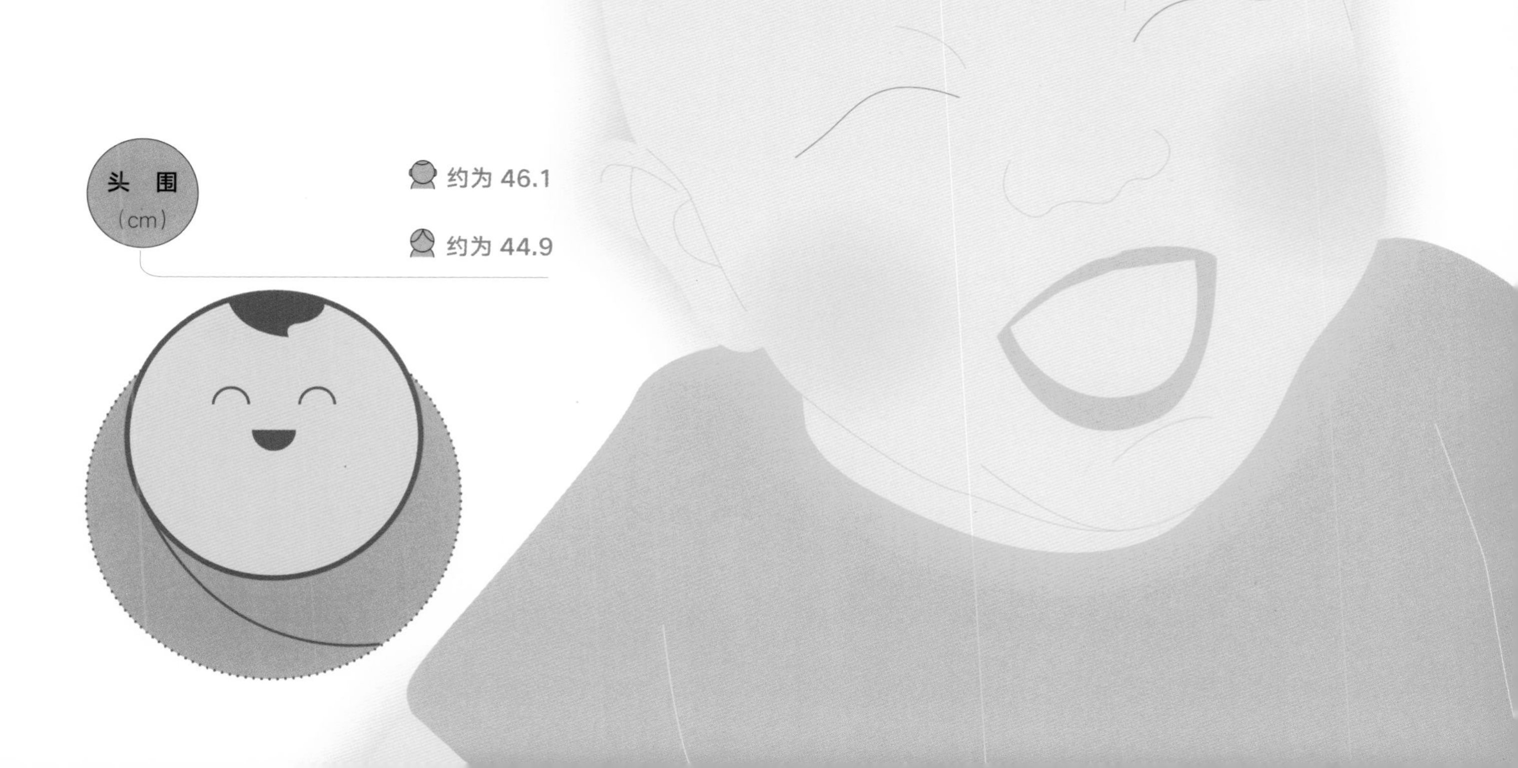

第 **11** 月

心理发展评估

年　　月　　日

发育评估

大运动

	A	B
项目	拉着双手走	从地上拾物
说明	宝宝处于站位，妈妈拉着宝宝的两只手，观察宝宝能否自己迈步	让宝宝扶栏杆站立，在其脚下放一个玩具，观察宝宝能否俯身拿起玩具后再站稳
结果	能　不能　不确定	能　不能　不确定

较好　一般　需关注

对人的反应

	A	B
项目	玩互动游戏	穿裤子会伸脚
说明	把球滚到宝宝面前，观察宝宝能否滚过来（方向不一定准确）	给宝宝穿裤子时，观察宝宝能否做出伸脚的动作来配合
结果	能　不能　不确定	能　不能　不确定

较好　一般　需关注

对心理发展评估结果的解释：

1. 若每个领域中的两项都为“能”，则说明宝宝在这个领域处于较好的发育状态；
2. 若单个领域中的两项都不为“能”且其中一项为“不能”，则说明宝宝在该领域中的发育情况需要特别关注；
3. 若介于以上两种情况之间，则说明宝宝的发育情况一般；
4. 若有两个或两个以上领域处于需要关注的情况，则希望您到儿童保健机构或相关单位进行咨询。

对物的反应

A	B
揭开纸见到玩具	隔着玻璃指小丸
在宝宝面前，用纸将方木盖上，观察宝宝能否掀开纸找到方木	将葡萄干装进玻璃瓶，观察宝宝能否注意到葡萄干
能　不能　不确定	能　不能　不确定

较好　一般　需关注

语　言

A	B
叫妈妈（有所指）	能发 3 个音节的音
留意宝宝能否准确地叫自己的母亲：妈妈	留意宝宝能否连续发 3 个音节的音
能　不能　不确定	能　不能　不确定

较好　一般　需关注

生活素描

12

1 岁的宝宝大部分能够独自站几秒，少数可以独走几步，还有部分宝宝弯腰后能再站起来。

宝宝的精细动作进一步发展，他可以用笔在纸上画出清晰的线，会翻书。部分宝宝能将两块积木摞起来。

宝宝说的能力也大有进步，不但会叫“爸爸”“妈妈”“爷爷”“奶奶”等称谓，还会使用一些单音节动词，如“拿”“给”“要”“打”“抱”等。不过，宝宝这时的发音还不太准，常常说出让人感到莫名其妙的话。所以，这时的宝宝比任何时候都更需要爸爸妈妈在语言上给予帮助。

1 岁的宝宝认识的事物比过去多了。宝宝看见铅笔、橡皮等知道用，走到自己家门口或者熟悉的地方知道用手指。宝宝的记忆有了显著的发展，并主要表现在社会性认知上。宝宝能区分熟悉的人和陌生的人。他开始模仿大人的行为。模仿是以记忆为基础的行为，只有记住了才能模仿。这是宝宝提高认知水平的大好时期，爸爸妈妈可以让宝宝通过模仿提高认知水平。

宝宝表达情绪和愿望的方式也渐渐增多，不仅用哭来表达需要，还用笑表达自己的愉快情绪。这表明宝宝的社会适应能力提高了。

1 岁的宝宝能与大人同桌吃饭，大部分妈妈准备在宝宝 1 岁以后就断掉母乳。

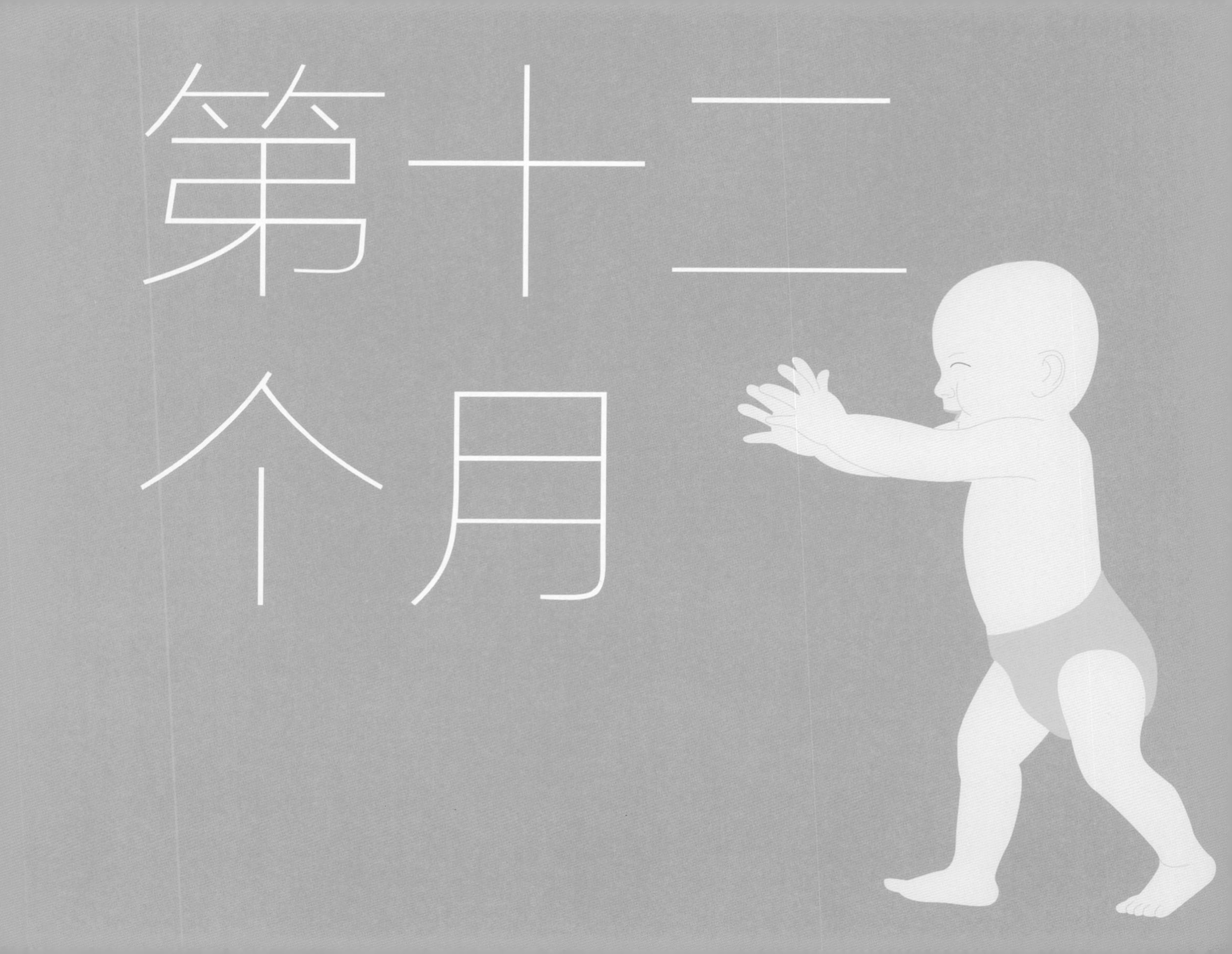

第十二个月

第 **12** 月

我的第十二个月

年 月 日

成长足迹

1 体格检查

这个月的体检做完了，现在的我：体重 _____ 千克、

身长 _____ 厘米、头围 _____ 厘米

我出牙了：_____ 颗

（在出牙相应位置涂上颜色）

⊙左 ⊙右

2 喂养记录

妈妈还坚持用母乳喂我：☐是 ☐否

妈妈给我完全添加了配方奶粉：☐是 ☐否，每次 _____ 毫升，

每日添加 _____ 次，奶粉品牌 __________

妈妈这个月给我品尝了：__________、__________、__________

我喜欢 __________、__________、__________ 的味道

妈妈给我做了好吃的，其中需要咀嚼的东西越来越多了：☐是 ☐否

我好像对 __________、__________、__________ 有点过敏

3 排便记录

我这个月的大便：☐便秘 ☐正常 ☐总是腹泻

第十二个月

第 12 月

我的第十二个月

年　月　日

成长足迹

1 体格检查

这个月的体检做完了，现在的我：体重 _____ 千克、

身长 _____ 厘米、头围 _____ 厘米

我出牙了：_____ 颗

（在出牙相应位置涂上颜色）

⊙左　⊙右

2 喂养记录

妈妈还坚持用母乳喂我：□是 □否

妈妈给我完全添加了配方奶粉：□是 □否，每次 _____ 毫升，

每日添加 _____ 次，奶粉品牌 __________

妈妈这个月给我品尝了：__________、__________、__________

我喜欢 __________、__________、__________ 的味道

妈妈给我做了好吃的，其中需要咀嚼的东西越来越多了：□是 □否

我好像对 __________、__________、__________ 有点过敏

3 排便记录

我这个月的大便：□便秘 □正常 □总是腹泻

4 睡眠记录

我的睡眠逐渐有规律了：□是 □否

我夜里睡得踏实了：□是 □否

睡前妈妈会：□给我听音乐 □给我讲故事

□喂我吃奶

5 洗护记录

妈妈给我剪指甲了：□是 □否

妈妈给我洗澡了：□是 □否

妈妈给我清洁口腔了：□是 □否

妈妈带我出门了：□是 □否，晒了 ______ 小时的太阳

温馨提醒

我该接种乙脑减毒活疫苗第一剂次了：

□是 □否

育儿贴士

1. 断奶是自然而然的事

⊙如果一些妈妈准备在宝宝 1 岁以后就断掉母乳，那么这个月就要有意地减少母乳的喂哺次数。如果宝宝不主动要，就尽量不给宝宝吃。对于断奶比较困难的宝宝，妈妈不必太着急。过一段时间，等宝宝再大些，开始把依恋转移到别的事情上，宝宝也许自己就不吃母乳了，那时断奶就是自然而然的事情。所以并不是说到了 1 岁就要马上断奶，如果不影响宝宝对其他饮食的摄入，也不影响他睡觉，而且还有奶水，那么还可继续母乳喂养。

2. 慎用“不行”一词

⊙由于动手能力的发展及爬、站立和行走技能的日益增强，好奇心驱使下的宝宝像一位冒险家。他要东摸西摸并仔细查看感兴趣的物品，尤其是那些活动的、带开关的。此时，你会感觉到，宝宝的好奇心既是他探索学习的动力，也是很多意外发生的原因。

⊙爸爸妈妈要鼓励宝宝进行探索活动，对于有危险的东西，要放到他够不着的地方，给他创造一个安全的环境。请爸爸妈妈注意，不要经常使用“不行”“不许”这种表示禁止的词，否则以后大人说的话就会成为他的耳边风。

6 生长记录

我什么都不扶也能站一会儿了，还能弯腰捡东西：□是 □否

妈妈拉着我的一只手，我就能走几步：□是 □否

我能模仿妈妈画很多小点点：□是 □否

我能自如地翻书：□是 □否

给我两块积木，我能把它们摞起来：□是 □否

只要妈妈说出一个我熟悉的东西，我就能把它找出来：□是 □否

我能发出 4 个及以上音节的音了，且很清楚：□是 □否

我一眼就能认出哪个门是我的家：□是 □否

我可以和爸爸妈妈一起吃饭：□是 □否

我会自己戴帽子、摘帽子：□是 □否

我可听妈妈的话了，妈妈让我等着，我就会安静地等着：□是 □否

我对同龄小朋友很感兴趣，喜欢和他们打招呼：□是 □否

3. 不要随便更换看护人

⊙从出生到 1 岁多，是宝宝建立信赖感、获得安全感的重要时期。妈妈的呵护、温柔的眼神，母婴皮肤接触，以及妈妈对宝宝需求的及时反应，都可以使宝宝获得安全感。除此之外，安全感的获得和情绪的健康发展，都需要一个稳定的环境。所谓稳定，就是不能随便更换。如果看护人经常更换，宝宝就要不断调整自己以适应新的看护人，这样就会影响宝宝信赖感与安全感的建立和发展。

⊙给宝宝提供一个稳定的家庭环境，有专人持续地照顾他，让宝宝生活有规律，帮助他建立安全感，对宝宝的健康成长意义重大。

第 12 月

我一周岁了

年　月　日

成长足迹

这一年里，爸爸妈妈真是太爱我了，他们也太辛苦了，我非常感谢我的爸爸妈妈。在我生日这天，爸爸妈妈对我说：

他们还让我按照民间
习俗，来了个“抓周”，
我抓到的是

第 12 月

体格发育指标

年　　月　　日

发育评估

身长(cm)	男	女
▲	82.1	80.5
●	76.5	75.0
▼	71.2	69.7

体重(kg)	男	女
▲	12.54	11.73
●	10.05	9.40
▼	8.06	7.61

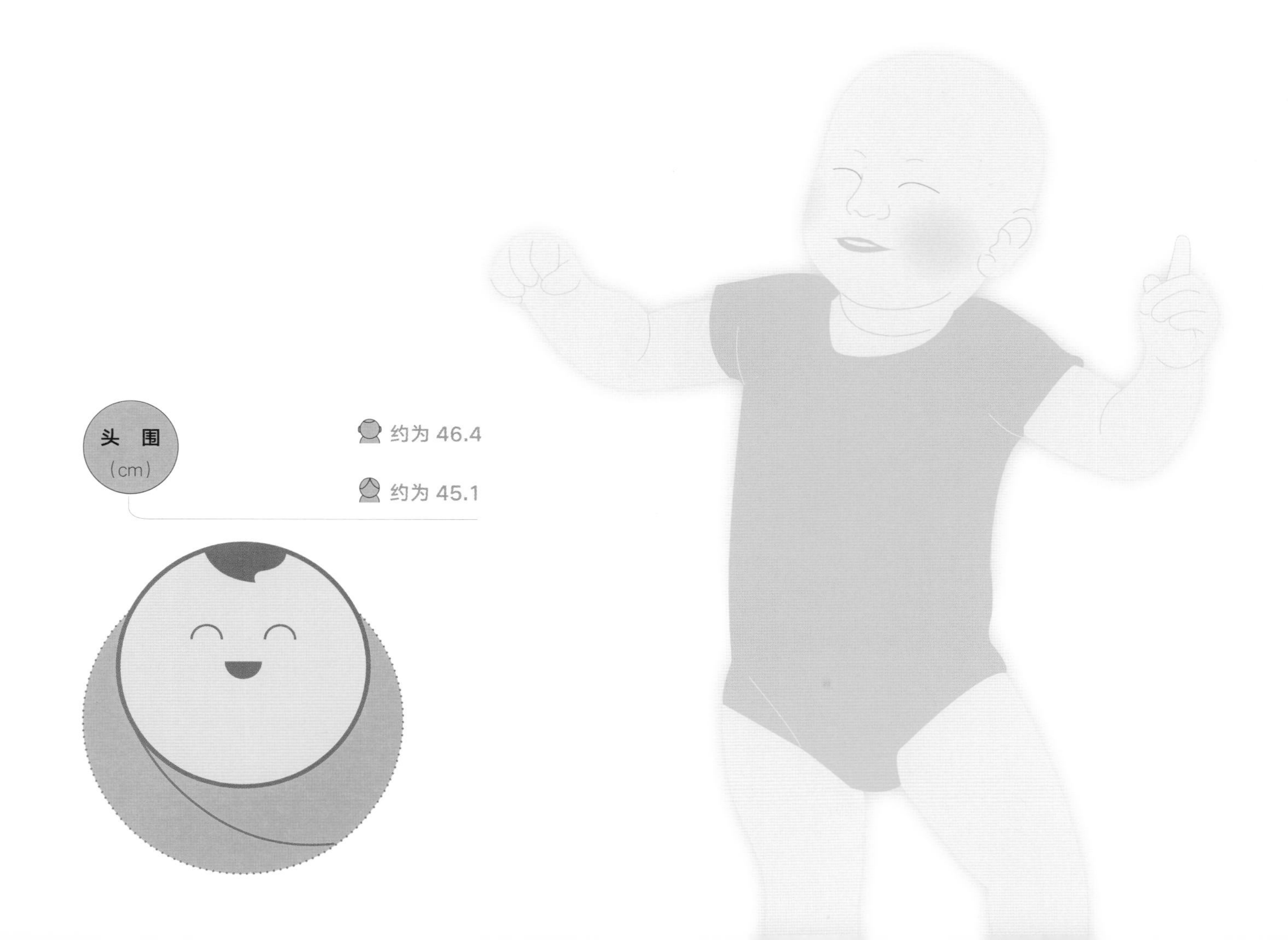
头 围
(cm)
约为 46.4
约为 45.1

第 12 月

心理发展评估

年　　月　　日

发　育　评　估

大运动

A	B
独立站稳	拉一只手能走
扶宝宝站立，待宝宝站稳后慢慢松开手，观察宝宝能否自己站稳一会儿	宝宝处于站位，妈妈拉着宝宝的一只手，观察宝宝能否自己迈步
能　不能　不确定	能　不能　不确定

较好　一般　需关注

对人的反应

A	B
服从他人的指令	把玩具给镜中的自己
告诉宝宝坐着等妈妈去拿东西，观察宝宝能否坐在原地等一会儿	抱宝宝照镜子，让宝宝把手里的玩具给镜中的宝宝，观察宝宝能否伸手给
能　不能　不确定	能　不能　不确定

较好　一般　需关注

对心理发展评估结果的解释：

1. 若每个领域中的两项都为“能”，则说明宝宝在这个领域处于较好的发育状态；
2. 若单个领域中的两项都不为“能”且其中一项为“不能”，则说明宝宝在该领域中的发育情况需要特别关注；
3. 若介于以上两种情况之间，则说明宝宝的发育情况一般；
4. 若有两个或两个以上领域处于需要关注的情况，则希望您到儿童保健机构或相关单位进行咨询。

对物的反应

	A	B
项目	握笔画，留痕迹	把方木放进容器
说明	把笔放到宝宝手中，观察宝宝能否在纸上乱画，留下痕迹	妈妈示范将方木放入杯中的过程，然后递给宝宝两块方木，观察宝宝能否将其连续放进杯中
结果	能 不能 不确定	能 不能 不确定

较好 一般 需关注

语　言

	A	B
项目	发出 4 个及以上音节的音	找到所说的东西
说明	观察宝宝能否较清晰地发出 4 个及以上音节的音	让宝宝去找熟悉的玩具，观察宝宝能否找到
结果	能 不能 不确定	能 不能 不确定

较好 一般 需关注

出 版 人　李　东
策划编辑　殷梦昆
责任编辑　刘　婧
责任美编　王　辉
书籍设计　芥子书籍 + 黄晓飞 + 木　人
插图设计　木　人
责任校对　贾静芳
责任印制　叶小峰
视　　频　韩　冰（北京市海淀区妇幼保健院）
摄　　影　常　青
剪　　辑　杜一飞

婴儿成长日记
YING'ER CHENGZHANG RIJI

出版发行　教育科学出版社
社　　址　北京・朝阳区安慧北里安园甲 9 号
邮　　编　100101
网　　址　http：//www. esph. com. cn
总编室电话　010-64981290
编辑部电话　010-64989190

图书在版编目（C I P）数据

婴儿成长日记 / 王书荃主编 . — 北京 : 教育科学出版社，2020.4
ISBN 978-7-5191-2172-3

Ⅰ . ①婴… Ⅱ . ①王… Ⅲ . ①婴幼儿－哺育－基本知识 Ⅳ . ① TS976.31

中国版本图书馆 CIP 数据核字 (2020) 第 020692 号

出版部电话　010-64989487
市场部电话　010-64989009
传　　真　010-64891796
经　　销　各地新华书店
印　　刷　中煤（北京）印务有限公司

开　　本　787 毫米 ×1092 毫米　1/16
印　　张　16.25
版　　次　2020 年 4 月第 1 版
印　　次　2020 年 4 月第 1 次印刷
定　　价　198.00 元

图书出现印装质量问题，本社负责调换。